高等教育美术专业与艺术设计专业“十二五”规划教材

室内设计

SHINEI SHEJI

李永昌　周　康　编　著

西南交通大学出版社
·成都·

内容简介

《室内设计》是高校艺术设计专业室内空间设计专业课教材。全书共10章。第1章为室内设计概述，第2章为室内空间组织，第3章为室内设计程序与步骤，第4章为室内设计与人体及心理尺度，第5章为室内色彩设计与材料使用，第6章为室内陈设与绿化设计，第7章为室内设计的风格与流派，第8章为居住空间设计，第9章为办公空间设计，第10章为餐饮娱乐空间设计。全书结构合理，图文并茂，可作为高校艺术设计专业本科生、专科生教材。

图书在版编目（CIP）数据

室内设计 / 李永昌，周康编著．—成都：西南交通大学出版社，2015.5

ISBN 978-7-5643-3891-6

Ⅰ．①室… Ⅱ．①李… ②周… Ⅲ．①室内装饰设计－高等学校－教材 Ⅳ．①TU238

中国版本图书馆CIP数据核字（2015）第096691号

室内设计
李永昌　周　康　**编著**

责任编辑　杨　勇
封面设计　姜宜彪

出版发行　西南交通大学出版社
（四川省成都市金牛区交大路146号）
电　　话　028-87600564　028-87600533
邮政编码　610031
网　　址　http: //www.xnjdcbs.com

印　　刷　河北鸿祥印刷有限公司
成品尺寸　185 mm × 260 mm
印　　张　13.75
字　　数　308千字
版　　次　2015年5月第1版
印　　次　2016年5月第1次
书　　号　ISBN 978-7-5643-3891-6
定　　价　51.50元

前　言

室内空间设计是根据建筑物的使用性质、所处环境和相应标准的不同，采用相应的物质技术手段和建筑设计原理，而创造的功能合理、舒适优美、能满足人们物质和精神生活需要的室内环境。这一空间环境不但具有使用价值，能满足人们相应的功能要求，而且能反映历史文化、建筑风格、环境气氛等精神因素。

该书在教学内容的选择和编排上，以企业生产的实际工作过程或项目任务的实现为参照；在编写方法上，以项目导入为模式，突出以工学结合为核心的人才培养模式，把以课程教学为主的学校教育和直接获取实际经验的校外工作有机结合起来，通过案例分析进一步深化、细化教学内容，使实践教学完善具体，让教学内容更具有先进性、科学性。总之，该教材具有技术性操作性强，且图文并茂，形式新颖，深入浅出等特点，具有很强的实用性和针对性。

当然，该教材毕竟是以工学结合为理念而进行编写的尝试之作，其中难免还有一些不成熟之处，比如在项目、案例选择的典型性，知识介绍的简约性，考核内容的科学性，文字表达的可读性等方面还有值得提升的空间。欢迎读者及专家同行批评指正。

编者

2015 年 3 月

目　录

第 1 章　室内设计概述

1.1　室内设计的概念与内容

1.1.1　设计的含义及其种类

1. 关于设计

设计是人类特有的一种文化现象，是伴随“制造工具的人”的产生而产生的。当原始人类用简陋的工具雕琢器物时，设计的意念及价值就已产生。纵观人类文明发展的历史画卷，无处不显露出人类设计的印记。

设计一词，英文为 Design，就字义解释，有“设想”和“计划”的含义。设想是指人们对某项活动欲达到的预期效果的构思愿景，计划是为达到构想的预期效果而准备采用的方法和步骤。可以说设计就是设想、运筹、计划与预算，是通过创意、策划、制作等不同环节，创作出可供实施的方案、图样，它是人类为实现某种特定目的而进行的创造性活动。

现代设计已远远超越过去传统手工业生产的范围，突破直接的物质生产领域而上升为思想内涵的文化创造领域，成为融合社会的、经济的、技术的、艺术的、心理的、文化的各种形态的特殊的审美创造活动。从物质层面讲，现代设计是人类造物的艺术方式；从非物质层面看，现代设计是对事物进行筹划、安排，如社会发展规划、城市发展规划等。

现代设计活动实现了工程技术与艺术设计、艺术创作的联姻，强调技术与艺术的结合。设计过程与艺术创造更加接近，设计的“艺术”成分越来越多，以功能、原理、结构为特点的技术成分成为必备基础，产生显艺术的倾向或趋势，人们通常把现代设计称为“艺术设计”（Art Design）。它是根据一定目的的精心策划、构思并制订方案，最终生产或制作出具有审美价值的产品或作品的艺术。根本意义在于提升人类生活的品质。设计作为社会进步与革新的重要组成部分，承担着重要的历史使命，可以预言，21 世纪将是艺术设计异军突起的时代。

2. 设计的类型

设计和美术绘画、戏曲影视、音乐舞蹈一样，已经全面渗透于社会的各个方面，涉及范围十分广泛。对于设计类型的划分，有多种不同途径。一般说来，多数专家学者把设计分成平面设计、立体设计和空间设计；也有将设计分成建筑设计、工业设计和商业设计三大类的；还有一种观点是将设计归纳为视觉、产品、空间、时间和服装设计等五个领域，而把建筑、城市规划、室内装饰、工业设计、工艺美术、服装、电影电视、包装、陈列展示、室外装潢等许多设计领域系统地划分在以上五个不同的领域之中。

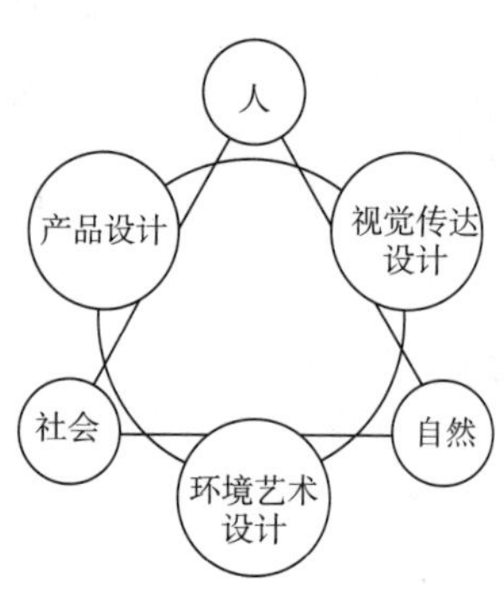

图 1-1-1　设计三大类型示意

随着现代科技的高速发展和设计领域的不断扩展，设计现象和设计活动更加纷繁复杂。近些年来，越来越多的设计师和理论家倾向于按设计目的之不同，将现代设计大致划分成：为了传达的设计——视觉传达设计，为了使用的设计——产品设计，为了居住的设计——环境艺术设计三大类型。这种划分方法的原理，是将构成世界的三大要素“自然—人—社会”作为设计类型划分的坐标点，由它们的对应关系，形成相应的三大基本设计类型（图 1-1-1），在此基础上进行更加详细的划分。

上述划分具有相对广泛的包容性和科学性，有利于设计师把握和发挥各种设计类型的优势，相互补充，推动设计艺术的整体运作与发展。当然这样划分，也不是绝对的、最后的划分。在社会、经济和技术高速发展的今天，各种设计形态本身和与之相关的各种因素都处在不断的发展变化中。比如视觉传达设计中的展示设计，也充分利用了听觉传达、触觉传达，甚至嗅觉传达和味觉传达的设计；建筑物中非封闭性的围合，出现了长廊、屋顶花园、活动屋顶的大厅等难以区分室内还是室外的空间；统合三个领域的综合设计，如当前流行的 CIS（企业形象识别系统）设计等。

1.1.2　室内设计的概念

人的一生，绝大部分时间是在室内度过的。室内环境直接关系到人们的生产、生活质量，关系到人们的安全、健康与舒适程度。

现代室内环境是从建筑设计中的装饰部分演变出来的，是对建筑设计的继续和深化，是建筑室内空间和环境的再创造。建筑师普拉特纳（W.Platner）认为，室内设计“比设计包容这些内部空间的建筑要困难得多”，这是因为室内设计师必须更多地同人打交道，研究人们的心理因素，以及如何能使他们感到舒适、兴奋。经验证明，他比同结构、建筑体系打交道要费心得多，也要求有更加专门的训练。

室内设计是现代设计的重要组成部分。它是根据建筑物的使用性质，所处环境和相应标准，运用物质技术手段和建筑美学原理，创造功能合理、舒适优美，满足人们物质和精神生活需要的室内环境设计艺术。室内设计要求一切以人为本，把“创造满足人们物资和精神生活需要的室内环境”作为室内设计的根本目标；从整体上把握设计对象，根据使用性质——建筑物和室内空间的功能，所在场所——建筑物和室内空间的环境状况，经济投入——项目投资总额与单方造价标准；应用建筑美学法则——对称均衡、节奏韵律、比例尺度；巧于材料应用和施工工艺手段。也可以说，室内设计是“以功能的科学性、合理性为基础，以形式的艺术性、民族性为表现方法，塑造出物质和精神兼而有之的室内环境而采用的思维创造活动”，是科学、艺术完美结合形成一个统一整体。

现代室内设计以建筑艺术设计为学科基础，融合了社会、自然、艺术、生态、心理、材料、工程等多种学科，与新兴学科如人体工程学、环境心理学、环境物理学、行为学等关系密切，离不开设施设备、施工工艺、工程经济、质量检测、计算机等技术因素，是在环境设计系列中发展成为独立和新兴的综合性学科。既有高度艺术性要求，又有很高的科学技术含量。

1.1.3 室内设计内容

现代室内设计是建立在四维时空概念基础上的艺术设计门类，包含的内容远远超出了传统的概念。作为现代设计中的新兴综合性学科，室内环境的内容，涉及界面围合的空间形状、尺度的组织、调整与再创造，涉及室内声、光、电、空气环境等客观要素，更与人们的身心感受，如视觉环境、听觉环境、触觉环境、嗅觉环境等密切关联。室内设计的主要内容可归纳为相互区别又有一定内在联系的四个方面。

1. 空间形象设计

对原有建筑设计意图的充分理解，对建筑物的总体布局、功能分析、人流动向以及结构体系的深入了解，对室内空间和平面布置的尺度和比例予以完善、调整或再创造，解决好空间与空间之间的衔接、对比、统一等问题，是空间组织与空间形象的再创造（图 1-1-2、图 1-1-3）通过不同手法塑造出特色鲜明的空间形象。

图 1-1-2 观演空间形象设计

图 1-1-3 共享空间形象设计

2. 界面装修设计

主要是按照空间处理的要求，把空间围护体的几个界面——地面、墙面、天花等进行设计，包括界面的形状、肌理构成、界面与结构构件的连接构造、界面和水电等管线设施的协调配合等方面的设计。

光照是指室内环境的天然采光和人工照明，光照除了能满足正常的工作生活环境的采光照明要求外，光照和光影效果还能有效地起到烘托室内环境气氛的作用。设计要符合室内采光、照明要求，达到理想的音质效果（图 1-1-4）。

图 1-1-4　自然采光与人工照明相结合

图 1-1-5　室内环境的色彩设计

室内色彩是室内设计中最为生动、最为活跃的因素，室内色彩往往给人留下室内环境的第一印象。心理学研究表明，人的视觉器官在观察物体时，最初的 20 秒，色彩感觉占 90%，形体感觉只占 20%。色彩通过人们的视觉感受产生的生理、心理和类似物理的效应，形成丰富的联想、深刻的寓意和象征，可以说，色彩是最具表现力的室内设计要素。室内色彩设计需要根据建筑物的性格、室内使用性质、工作活动特点，停留时间长短等因素，确定室内主色调，选择适当的色彩配置（图 1–1–5）

材料质地选用，是室内设计中直接关系到实用效果和经济效益的重要环节，巧于用材是室内设计的一大学问。饰面材料的选用，同时具有满足使用功能和人们身心感受这两方面的要求，如坚硬平整的石材，光滑精巧的镜面饰面，轻柔细软的纺织品，以及亲切、自然的木质饰面等。室内设计毕竟不能停留于一幅彩稿，其形、其色最终必须和“载体”材质相统一。

施工技术和施工工程管理的设计。如确定构造做法、施工工艺手段、施工流程制订、工程造价预决算、项目质量监控等，协调好室内环控、水电等设备要求。

3. 物理环境设计

对室内体感气候、采暖、通风、温湿调节等方面的设计处理，是现代室内设计中极为重要的方面，随着科技的不断发展与应用，它已成为衡量室内环境质量的重要内容。如在有高视听要求的内部空间，对室内混响时间的控制，对合理的声学曲线的选择等技术问题的处理会直接影响设计的质量。在一些私密性要求较高的工作及生活环境内，隔声问题非常关键，详见表 1–1、表 1–2。

表 1–1　室内热环境的主要参考指标

项目	允许值	最佳值
室内温度 /℃	12~32	20~22（冬）　22~25（夏）
相对湿度 /%	15~80	30~45（冬）　30~60（夏）
气流速度 /m/s	0.5~0.2（冬）　0.15~0.9（夏）	0.1
室温与墙面温差 /℃	6~7	<2.5（冬季）
室温与地面温差 /℃	3~4	<1.5（冬季）
室温与顶棚温差 /℃	4.5~5.5	<2.0（冬季）

表 1-2　各类空间工作面平均照度（Lx）

幼儿活动室	150
教室	150
办公室	100~150
阅览室	150~200
营业厅	150~300
餐厅	100~300
计算机房	200
舞厅	50~100

4. 陈设与绿化设计

主要是对室内家具、设备、装饰织物、陈设艺术品，照明灯具，绿化等方面的设计、处理。在室内环境中，实用和观赏的作用极为突出，通常它们都处于视觉中显著的位置，家具还直接与人体相接触，感受距离最为接近。家具、陈设、灯具、绿化等对烘托室内环境气氛，形成室内设计风格等方面起到举足轻重的作用。

室内绿化具有改善室内小气候和吸附粉尘的功能，更为主要的是，使室内环境生机勃勃，带来自然气息，令人赏心悦目，起到柔化人工环境在高节奏的现代社会生活中具有协调人们心理使之平衡的作用（图 1-1-6、图 1-1-7）。

图 1-1-6　室内陈设设计

图 1-1-7　室内陈设与绿化

1.2 室内设计学习方法与室内设计师职业素养

1.2.1 室内设计的学习方法

学习室内设计，一是要学习室内设计的基本概念、一般原理及其规律，二是要学习如何进行具体空间的设计实践。既要把室内设计的理论与实践联系起来，用设计理论指导设计实践，又要用具体的设计实例，来丰富和升华设计理论。

1. 理论学习

室内设计理论，是室内设计的普遍原理和基本规律，是设计师最重要的设计理论技术依据。一般包括以下方面：

（1）文化知识学习。现代社会信息文化传播的方式多种多样、速度快捷。文化全球化趋势明显，设计师要时刻关注世界文化潮流和流行时尚。另一方面，不同地域的建筑、文化、历史丰富多彩，民族特色和地域文化能够充分体现区域政治、经济和社会文化，是现代室内设计创作的源泉和基石。

（2）熟悉相关学科。人机工学是一门新兴综合性学科，能够帮助我们协调人、物、环境之间的关系，并达到三者的完美结合；设计心理学在室内设计中的作用也越来越明显。对于设计师心理、消费者心理、审美心理、创造心理等都有涉及，对于处理人的行为模式与环境空间有良好作用，有利于从人的生理、心理角度出发，塑造理想室内空间。

（3）工程知识学习。室内设计的专业很多，技术要求各有不同。与之配合的工种包括建筑结构类，管道设备类（空调、水、电、采暖、消防），艺术饰品类（书法、绘画、摄影），园林景观类（植物、绿化布局及采光要求），厨具办公类，等等，都要求室内设计师要有所了解。尤其是进行大型公共建筑室内设计时，牵涉业主，施工单位，经营管理方，建筑师，结构、水、电、空调工程师以及供货商等，要解决的问题复杂。设计师只有对各方面的知识有所了解，才能相互协调，到达各方满意的结果。

例如，设计师要想准确地完成设计任务，首先要通读土建工程图，了解建筑门窗、结构梁柱的尺寸，在此基础上，结合使用方对功能的具体要求，对原有建筑平面设计进行优化和补充。如果需要拆除承重结构墙体，就必须经过原土建单位或具有相同资质的土建设计单位验算处理后才能进行，否则，就会有严重的安全隐患。框架结构的土建，非承重墙虽然可以拆除，但需考虑改建后是否符合消防规范的要求。空调、给排水及消防管道的高度和位置是影响吊顶、墙面改造的重要因素。设计师应仔细研究各种管道的布置和高度，与其他工种相协调，尽量满足设计的要求。在平面布置图、顶面布置图及立面图初步设计完成后，设计师要向设备工种提供资料，协商调整，以便深化设计。而且协调工种往往要做在前期，留有足够的协调或变更设计的余地，保证装饰效果，减少损失。

（4）设计伦理理念。现代室内设计特别强调绿色设计、生态设计，强调以人为本。因此，对于室内设计所引发的种种环境问题，如不及时处理，将有可能发展成为破坏生态和环境的疾病，必须引起注意。设计伦理、设计人文修养成为现代室内设计的必修课。

（5）设计法规学习。国家对建筑设计有很多专业规范，对于一些特殊行业还有专门的行业标准及质量认证体系，而且会定期进行修订或更新。室内设计中比较常用的法规有：《建筑设计防火规范》《建筑内部装修设计防火规范》《民用建筑工程室内环境污染控制规范》《建筑装饰工程施工及验收规范》《建筑工程装饰设计单位资格分级标准》等等。学习常用法律规范，熟悉主要数据，做到在设计中主动运用，确保设计符合规范要求。

2. 设计实践

（1）空间体验法。就是设计者在已经建成的室内空间环境中，感受空间的存在，与空间融为一体，实现与空间交流互动。作为学习者，要坚持空间体验方法，主动寻求你身旁存在的一些典型环境，如酒店、商场、展示、办公、观演等室内空间，去看、去摸、去听、去闻，去思考设计者的构思用意，去体会使用者的身心感受，对现实空间进行评价审视，达到内心感悟的目的。

（2）案例学习法。就是通过对室内设计中具体案例的分析讨论，形成对室内设计的本质、意义、原理和局限性等的认识，了解室内设计中疑难问题的解决方法。案例学习法，强调课题学习的思考探索，强调分析谈论的积极主动，每个学习者都贡献自己的知识与智慧。案例学习法为每个参与者提供了同样的事实与情景，其中所隐藏的决策信息是相同的，但由于个人的知识结构不同，解决问题的观点方法不同，因而在讨论中就会发生思维碰撞，产生智慧火花。通过讨论，对案例的认识会逐渐完善。通过这种方法所掌握的知识不再是从概念到概念转换的表面，而是融合到学生自己知识体系中内化了的知识。

（3）专题训练法。是指一个有独立性的、有明确的题目和任务，可以获得一定成果或结论的室内设计。是从设计开始到室内设计作品的完成都由学生在教师指导下独立完成的实践过程，是一个从设计知识、智慧到设计表达、设计能力的转化过程。课程结业作业、课程专题设计、毕业设计、毕业实习等都可以理解为室内设计的专题训练。

专题训练的主要目的是培养学生运用已经获得的基础知识和专业技能，进行综合思考与分析，训练学生用创造性思维去分析和解决问题。训练题目可以是假想的，也可以是实际的，它是使设计融入社会，增强设计应用能力的途径之一。

（4）现场实践法。它是学习室内设计的又一个重要环节。目的是在完成基础课、专业课训练后，通过材料市场、设计市场调研，工程施工实习，进一步了解室内设计课的设计、施工、施工组织管理及工程监理等程序技术，加深对细部构造、装饰材料、结构体系、施工工艺课程的理解，使书本知识与设计实践有机结合，扩大视野，增强感性认识，培养独立分析问题和解决问题的能力，以适应社会竞争和未来实际工作的需要，到达理论与实际相结合的学习目的。

1.2.2 室内设计师职业素养

室内设计师是对室内设计从业人员的一个通常称呼。在北美等国家地区，室内设计师与建筑师、工程师、医师、律师一样，已成为一种职业。美国室内设计资格国家委员会（National Council for Interior Design Qualification,NCIDQ）的定义，专业室内设计师应该受过良好的教育，具有一定的经验，并且通过资格考试，具备完善内部空间的功能与质量的能力。保守计算，我国现有室内设计专业人员超过 20 万，而且还会逐年上升。室内设计师职业素养既是从业基本要求，也是学习室内设计的方向目标。

1. 室内设计师职业道德

职业道德是室内设计专业要求室内设计师应具备的心理状态，是一种有主导作用的精神、品质和工作风格。首先是事业心和创造欲。对职业的热爱、对社会的关注是事业成功的重要心理基础，是设计师全部的工作热情、刻苦钻研的动力。事业心是个人志趣、气质、思维类型等个人因素与社会、历史责任的有机统一。设计的本质是创造，室内设计师如果没有强烈的创造欲望，尽管可以埋头工作，但不可能有高质量和开拓价值。

职业道德要求室内设计师具有环境意识，关注生态、人性及社会和谐。有一定职业精神，才有可能做出作品、精品、上品和神品。室内设计师要根据目前行业发展的实际情况不断地学习和充实相关的学科知识，在实践中学习，在学习中提高，不断地掌握设计规律。作为一名现代室内设计师要对哲学、美学、社会学、伦理学、心理学等相应学科有一定了解和把握，具有工程师的严谨思想，旅行家的阅历和经验，财务专家的成本意识，具有良好的群体意识和协调能力，能够调动多方面的智慧和技能，组织大家进行高效的设计工作。

2. 室内设计师知识结构

了解和掌握建筑结构、建筑力学以及建筑构造的知识。在实际工作中，作为室内设计师接触最多的是建筑的结构和细部、装修构造等问题，在掌握一般构造原理的同时，室内设计师必须深入了解建筑装饰材料的性质和结构特点，掌握传统材料和各种新型材料的性质和使用方法。职业修养较高的室内设计师往往能从艺术的角度来处理结构与构造问题，以令人意想不到的手段创作出新颖的室内空间。

具备良好的美学修养和艺术造型能力。室内设计要求设计师具备良好的形象思维、形象表现能力和空间意识、尺度感，能快速、准确地表现出所构想的空间形象和空间内容。能善于观察生活，发现现实生活中美的要素，及时记录与设计有关的资料，了解各种有关室内的装饰材料、施工工艺、家具、灯具和工艺品的种类和性能。室内设计师要用良好的绘画能力、计算机技术来辅助设计，快速准确地表现设计意图，不断加强自己的审美能力和艺术修养。现代室内设计师应该有广泛的兴趣爱好，喜爱各种艺术形式，从而将与设计美学密切相关的各种艺术形式的审美修养，转化为一种设计审美的综合优势，在设计中就能触类旁通，举一反三。

在科学技术高度发展的今天，人们对室内的音响与隔音，照明与采光，取暖与制冷、通风、防火等物理环境问题的要求愈来愈高。因此设计师不能只限于光源、亮度和照明方式等一般技术问题上，而且要博览与光效应有关的各种艺术作品。设计师对各种专业技术知识的掌握度不可避免地成了自身的职业修养的一部分。一个合格的设计师必须熟悉各种生产工艺和材料性质，必须懂得生产的各个技术环节、工艺过程，才能使自己的设计紧密结合实际，要充分利用生产工艺和原材料的一切有利因素来为切实可行的设计方案服务，并随时注意不断出现的新材料、新工艺，创造新的设计。作为设计师要不断积累专业技术知识，提高自身的艺术修养。

室内设计师对空间造型的艺术处理水平关系到空间的艺术效果，空间艺术形态不是简单的形色、材质的组合，而是在充分了解和掌握空间功能新要求的前提下，调动一切造型艺术手段进行综合性的处理，所以设计师又不得不从造型艺术的角度研究抽象空间形式的美学原则，从材料、构造以及所产生的视觉效应诸方面来综合地研究与室内设计有关的形式语言。所以一个合格的室内设计师要接受相应的职业培训，掌握建筑史、设计风格、色彩心理学、空间规划等室内设计理论；经历各种类型的问题和磨炼，能够识别、探索和创造性地解决有关室内环境的功能和质量方面的问题的能力；能够运用室内构造、建筑体系、构成、室内法规设备、材料和装潢等方面的专业知识，为业主提供与室内空间相关的服务，同时包括立项、设计分析、空间策划与美学处理；能够提供与室内空间设计有关的图纸与文件，以提高和保护公众健康、安全水平为目标。

3. 室内设计师综合能力

室内设计师所涉及的职业范围，不是对建筑给予的空间进行单纯的装饰，而是应当为生活环境的各个方面而进行设计，不仅要在不同类型的建筑空间中设计出功能合理、环境优美的室内设计作品，而且要能够体现提高使用者的劳动生产率并为残疾人进行无障碍设计、编制防火规范和最大限度的节约能源，提高住宅和公共设施的使用效率，确保人们在室内环境中安全和舒适地生活。

室内设计师首先肩负着“再造”空间的重任，因为最初的建筑空间必须经过整合、改造和局部重构，才能成为理想的空间，这有赖于设计师的艰苦设计，决不是由建筑师所能代替的，因为他将要创造的是更接近人生活需要的空间形态，再造后的崭新空间是人们所需要精神功能和物质功能的体现，经过室内设计师的创造，再一次得到升华，达到了更高的境界。其次，室内设计师还肩负着重要的社会责任，随着人们对物质生活和精神生活要求的逐步提高，对空间的要求也日趋多样化，内部的功能更加细微，业主参与意识也越来越强，对精神、环保、社会性交往、可持续发展等方面的要求也更加具体，这样就要求设计师要以人为本，提高专业水平和服务意识。

室内设计师应具备良好的仪表风度和高超的语言表达艺术，在竞争中能够充分表达自己的设计思想及方案并使建设单位所接受，显示出较强的实力。这就要求设计观念要正确，设计目标要准确，初步方案要丰富，主要方案要精彩，语言表达要生动，设计竞争要棋高一着，要为建设单位谋取实利，在不断的竞争中逐步培养自己的实际能力，树立自信心。另外，设计师应具备强烈的创新意识，在实践中逐步确立自己的设计风格。室内设计师还要眼光开阔，思想敏锐，勇于创新，具有开拓精神，要善于吸收新的东西，不固步自封，还要有良好的心态，敢于面对挫折与失败，有勇往直前的坚毅品质。

室内设计作品要做到人人都满意是不现实的，设计师要善于把握人们审美心理的主流倾向，客观地研究包括自己在内的不同人的审美情趣，然后找出共性，提出切合实际的、为多数人所能接受的设计主张。用健康的审美心理和审美情趣来引领设计的未来。

1.3　室内设计的发展趋势

随着社会文明程度的不断提高，人们对生存环境日益关注，精神需求日益强烈，希望从传统中找回精神的家园，以弥补快速发展带来的心理失落与不安，试图运用当代科技重新组织自己的审美体验，调整心态，使之适应现代生活。传统的室内设计，面临着设计观念、设计手法、审美意境的冲击与挑战。室内设计作为独立的艺术设计学科之一，呈现出新的发展趋势与时代特征。

1.3.1　生态环保的绿色室内设计

其设计理念是以环境保护为目标的绿色化行动，是关于自然、社会与人的关系问题的思考在室内设计领域的表现。是设计风格、设计策划的历史性变革，关系到世界诸多政治与经济问题的全球性思考和人类社会今天与未来的文化反省。

1. 动态的可持续发展观

可持续发展是绿色室内设计思想的前奏和认识基础，也称绿色方向。明确定义为"满足当前需要而不削弱子孙后代满足其需要之能力的发展"。提倡人类要尊重自然，爱护自然，把自己作为自然中的一员与自然界和谐相处，做到经济发展与环境保护相结合。

首先，强调发展，强调把社会、经济、环境等各项指标综合起来评价发展的质量，而不是仅仅把经济发展作为衡量的指标。同时亦强调建立和推行一种新型的生产和消费方式。无论在生活上还是消费上，都应当尽可能有效地利用可再生资源，少排放废气、废水、废渣，尽量改变那种靠高消耗、高投入来刺激经济增长的模式。以更为负责的态度与意识创造更科学合理的室内空间环境，设计的立意、构思、风格、氛围的创造要着手"室内"，着眼"室外"，使微观的室内空间与建筑、公园、城镇等中观、宏观环境协作互动（图 1-3-1）室内外环境的共生共荣。

其次，可持续发展强调经济发展必须与环境保护相结合，做到对不可再生资源的合理开发与节约使用，做到可再生资源的持续利用，实现眼前利益与长远利益的统一，为子孙后代留下发展的空间。把自然作为人类发展的基础和生命的源泉。运用高新技术来探索生产和生活环境的一种可持续发展模式，创造室内环境的生态文明（图 1-3-2）。

图 1-3-1　室内外环境的共生共荣

图 1-3-2　室内环境生态

再次，以动态的发展过程对待室内设计。即“与时变化，就地权宜”，“幽斋陈设，妙在日异月新”的“贵活变”论点，现代社会人们生活节奏日益加快，室内功能复杂而多变，室内装饰材料，设施设备，甚至门窗、柱网等构件的更新换代与时俱进。人们对室内环境艺术风格和氛围的欣赏和追求，更是随着时间的推移而改变。如现代日本东京男子西服店面及铺面的更新周期仅为 1 年半。不少发达城市的餐馆、艺术写真馆的更新周期也只有2~3年，旅馆宾馆的更新周期为3~4年左右。图1-3-3 BANQ（班克）餐厅室内设计，位于美国马萨诸塞州波士顿，设计者用曲线优美流畅的桦木胶合板对餐厅进行了修饰，整个空间极具动感，就餐者如同在一个树冠下享受美食。餐厅部分的基础设施，结构、排水、自动喷水灭火系统、照明系统和音响系统都隐藏在木纹板式系统内。几何形状的木缝符合上述每一个设备，与其他毗邻的设备，建立浑然一体的景观，并从不同的角度保持视觉的整体。

图 1—3—3　BANQ 餐厅室内设计

2. 绿色室内设计

绿色室内设计，是建立在对地球生态与人类生存环境高度关怀的认识基础上的，有利于减轻地球负载，有利于人类生活环境更加健康和纯净地发展的设计。室内环境无污染、无公害，是健康的绿色精神家园。在室内设计中对一切材料和物质尽最大限度地利用，以减小室内体量，简洁装修形式，追求最精粹的功能与结构形式，减少消耗，降低成本，降低施工中粉尘、噪声、废气废水对环境的破坏和污染，不搞过度装饰，不造病态空间，减少视觉污染。做到室内陈设艺术品、装饰材料的再次利用而不失完美。通过立法形式提高对资源再回收与再利用的普遍认识，室内装饰材料供应商与销售商联手建立材质回收的运行机制，最大限度地使用再生材料，提高资源再生率。改变人们现有的、世俗的审美判断标准，最大限度地开发资源和材料的再生利用、废旧材料再生使用（图 1–3–4）。

图 1—3—4　废旧材料制成的室内灯具

利用自然元素和天然材料创造自然质朴的室内环境，特别强调自然材质肌理的应用。设计师在表层选材和处理中强调天然素材的肌理，大胆表现石材、木材，竹类、藤本、金属、纤维织物的材质。或者原始粗犷，或者精雕细琢，或者儒雅高古，或者热烈质朴。杜绝使用含甲醛的胶粘剂、大芯板、贴面板，含苯的涂料、石膏板材以及对人体有害的放射性材料（图 1–3–5）。

图 1—3—5　天然材料与绿化

绿色植物成为室内主题。植物通过光合作用吸收二氧化碳，释放出新鲜的氧气，不少植物散发出各种芳香气味，能辅助治疗一些疾病。绿色植物与许多珍贵艺术品相匹配，更能让室内富有生机与活力，动感与魅力。绿色植物色彩丰富，形态优美给居室融入了大自然的勃发生机，使缺少变化的室内空间变得活泼，充满了清新与柔美的气息，使人的情绪在“绿”的氛围中放松，抒发情怀，陶冶情操。花园餐厅、园林式卧室和客厅等仿佛是搭起了一座通向自然的“桥梁”，让人心里升腾起对大自然的神思和向往（图 1–3–6）。

图 1—3—6　德国某神经外科研究所室内绿化

绿色室内设计，长于巧妙利用自然环境与自然的能量，充分利用太阳能及各种自然能。景观设计与防灾设计相结合，最大限度做到自然通风、自然采光。如世界著名建筑师诺曼福斯特（Norman Foster）领衔设计的德国柏林国会大厦（图 1–3–7），其玻璃拱厅，满足了节能和自然采光的要求，夜晚看上去像灯塔，核心部分是一个覆盖着各种角度镜子的锥体，反射水平射入建筑内的光线，可移动的保护装置，随着太阳运行在轨道上移动，防止过热和耀眼的阳光辐射，轴向的热通风和热交换，使不流通的空气得以循环。所有的电能源由安置在屋顶的太阳能电池板提供，是典范的绿色设计作品。

图 1—3—7　德国国会大厦拱顶和大厅

1.3.2 以人为本的人性化室内设计

高科技的迅猛发展，在展示人类的伟大征服力量和无与伦比的聪明才智的同时，也给人新的苦恼和忧虑，即人情的孤独、疏远和人性的失衡，人们必然去追求一种平衡——“一种高科技与高情感的平衡，一种高理智与高人性的平衡”。人们更需要有一个舒适方便，功能齐全的办公空间，以及在繁忙工作之后能够有一个处处温馨、可以恢复疲惫身心的家。

以人为本就是根据人体工程学、环境心理学、审美心理学等，科学深入地了解现代社会人们的生理特点、行为心理和视觉感受等方面对室内环境的要求，设计出充满人性，极具亲和力的室内空间。人性化设计从过去对功能的满足，进一步上升到对人的精神关怀，承载着对人类精神和心灵慰藉的责任，充分实现现代人情感与人性的平衡。室内设计的人性化要求室内环境不仅要考虑选材、加工及造型特点是否符合规律，而且要考虑是否符合人体工程学的人性化原则，考虑人与环境是否能结合起来，使用者、生活空间和活动空间是否有机融合。

1. 关注伤残人的无障碍设计

伤残人超过一半的时间是在家中，室内环境的质量与他们的生活密切相关。关怀伤残人的无障碍设计，即为伤残人提供帮助和方便，创造舒适、温馨、安全、便利的现代室内环境的设计，包括：轮椅使用的无障碍设计，设计必要的通道宽度和回转半径，厨房操作台、洗脸台的高度，专用淋浴设施设计；视觉（弱视患者、盲人）、听觉（听觉不灵敏或者受到损伤，听觉非常弱甚至丧失能力）、行为能力（身体平衡能力较差、行动不便等）的无障碍设计（图 1-3-8）。

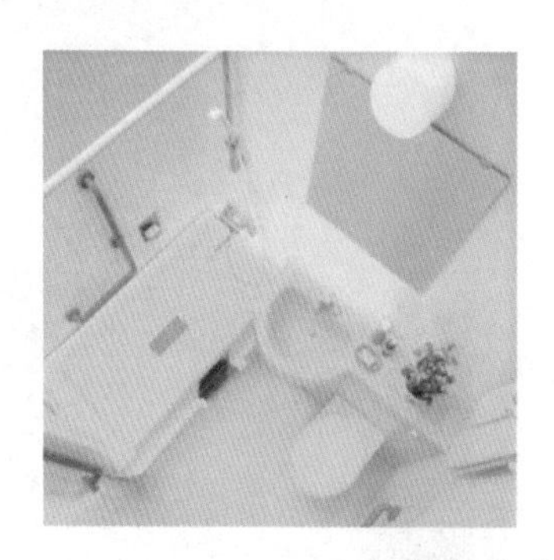

图 1-3-8　洗浴间无障碍设计

2. 关怀老龄人的人性化设计

人类进入人口老龄化时代，老龄人家居设计成为行业关注重点，人们将更加重视老龄人衣食住行的环境及设施设计，更加重视体现人类临终关怀的特殊医疗环境设计。老龄人独特的生理、心理特征，要求做到：有适当的采光口尺度；最佳的光线亮度分布；最好的建筑朝向，避免眩光出现；避免过多的太阳辐射热进入室内；

加强室内绿化；提高室内识别性；不设置门坎、无高度差；卫生间洁具颜色以淡雅为佳，采用淋浴或平底浴盆；适当放大居室门宽，满足护理需要，室内空间环境舒适宜人（图 1-3-9）、造型简洁、使用方便、光照较好的老龄室内环境设计。

图 1-3-9　老龄室内环境设计

1.3.3 科艺融合的智能化室内设计

科学与艺术是两个不同的概念，是人类所从事的两大创造性工作。科学与艺术的结合，艺术与科学的融合，是现代社会人类思维和文化发展的主流方向。科学的理念和成果以视觉的艺术形式表现出来，用情感的艺术手法表达和传达科学理念，科学以人性之情探索宇宙之理，艺术以宇宙之理表达人性情怀是智能化设计的客观写照。

1. 科学与艺术的融合

现代室内设计十分重视并积极应用先进科技成果、新兴科学技术，包括新材料、新结构和新工艺。用科学的方法，定量定性评析室内物理环境，如气流速度、氧气含量、温度、湿度；评析心理环境如：空间形状大小、整体光色范围等影响心理感受因素。积极探讨人类工效学、视觉照明学等学科在室内设计中的运用，室内设计具有严明的科学性和前瞻性。

现代室内设计成为人文学科的组成部分。对理性的强调开始被对感性的要求所替代，设计与艺术之间的距离已渐渐模糊，甚至许多室内设计作品本身就是精湛的艺术品。艺术化的室内设计为许多室内设计师、消费者所认同，且正被许多设计师在实践着。抒情特点和诗意情感的表达成为优秀室内设计作品的象征（图 1-3-10）。

图 1-3-10 科学与艺术结合的室内家具陈设

2. 智能化室内设计

现代数字图形技术为室内设计带来便捷与高效，随着 AutoCAD、3DMAX、Photoshop、Maya 等各种辅助设计软件的普及与提高，设计创意通过计算机表现出来，空间关系体验与设计观念验证更加及时准确，智能化设计大大拓宽了人的空间选择视域，也大大缩短了人际空间距离，使远在天涯变为近在咫尺。

智能化室内设计表现在家居室内智能系统的设计使用方面，即环境能源智能管理；安保智能管理及物业智能管理系统的功能与使用设置，包括灯光控制、家电控制、湿度、自动控制，背景音乐、家庭影院、视频共享，报警联动控制、远程控制、周界防范、火灾报警、溢水探测、家庭门锁，室内新风、中央除尘、纯水处理、除虫系统，滤波节能、外窗遮阳、电器节能，炊事用具控制、低碳信息服务，等等，使舒适健康的室内环境具备高度的安全性，具有良好的语言、文字、图像传输通信功能。智能垃圾处理机、自动开盖的智能垃圾桶、智能鞋膜机、自动煤气火险报警、自动吐纸巾的纸巾盒、自动洗菜机、自动炒菜机、便携式智能软体冰箱、智能消毒杀菌鞋柜机、无叶风扇、冷暖两用空调床垫、智能插座、无线烟雾探测器、燃气阀门检测器、智能磁悬浮窗帘等成为人们的平常生活家居用品。

智能化室内设计还表现在公共建筑智能系统的设计使用方面，即中央控制室，负责设备运转监控及安全保卫监控等，咨询中心，由电脑、多功能工作站、电子档案、影像设备的输入和输出装置、微缩阅读及闭路电视等组成，电视会议室，音响、光源、照度及配电等设计。多媒体会议系统是集中体现办公智能化的空间，通过集成各种现代化的声、像、演示设备，并与计算机网络系统、闭路电视系统、智能控制系统相结合，为现代化会议提供多媒体会议的演示环境和手段。配置会议讨论系统、会议扩声系统、大屏幕投影系统、电视电话会议系统和会议签到系统（纳入智能IC卡系统）。室内设计师要通过立面、顶面的造型，确保上述设备和室内空间的有效结合（图1-3-11）。

图 1-3-11 智能系统要求的会议室设计

1.3.4 古今并重的多元化室内设计

多元化室内设计是厚古不薄今，崇洋不媚外，多种风格与流派的相互依存、共同发展。

1. 讲求历史文脉

室内设计中尊重历史，尊重历史文脉，具有历史延续性。通过现代技术手段而使古老传统重新活跃起来，如在生活居住、旅游休息和文化娱乐等室内环境中，突出地方的历史文脉与民族特色，突出深厚历史底蕴和传统文化积淀。讲究乡土风味、地方风俗，讲究民族特色的特有文化韵味。当然讲求历史文脉不能简单地只以形式、符号来理解，而是广义地涉及规划思想、平面布局和空间组织特征，甚至是室内设计的哲学思想和人生观念（图1-3-12、图1-3-13）。

图 1-3-12 体现文脉传统的室内设计 1

图 1-3-13 体现文脉传统的室内设计 2

2. 创造现代时尚

经济繁荣促使人们渴望用代表他们品位的物品装饰其室内的空间，强调室内空间的个性化和个人风格，提倡“室内环境个性化”，消费者对具有创新设计思想的现代室内空间环境表现出强烈的兴趣。时代需要根据当代社会生活经历和行为模式并具有时代精神的价值观和审美观来创造室内时尚。时尚的室内空间不但要有新潮的感官，更需要沉淀的艺术，能让每一个角落都散发宜人的气息。在保证健康生活的基础上，设计要更加贴近人们的感官需求（图1-3-14）。澳大利亚悉尼麦格理银行金融贸易的活动透明化设计，“移动式办公（ABW）”工作方式，灵活办公平台，10层高的开放中庭，点缀以26个“会议箱”，赋予空间活力，并使其中的金融贸易活动透明化，风格时尚前卫。

图1-3-14 悉尼麦格理银行

3. 多元风格并存

多元的取向，多元的价值观，多元的选择是现代室内设计的另一趋势。正是在不同理论的互相交流，彼此补充中走向前进，不断发展。众多的流派，都有存在的依据、发展的理由，探索各种观点流派的适宜条件与范围，依据室内环境所处的特定时间，环境条件，业主喜爱与经济状况等因素，能更好地达到多元与个性的统一，达到“珠联璧合、相得益彰、互映生辉、相辅相成”的境界。上海世博会期间，多个国家风格迥异的室内环境设计并受青睐，就是实证之一。多元文化并存的现代社会，室内设计风格与流派的发展将出现不断探索、不断发展的新局面、新趋势，并在相互间的感染传播、媒体导向传播和效仿传播的过程中不断地推陈出新（图1-3-15、图1-3-16）。

图1-3-15 现代材料的玻璃金字塔与古典的卢浮宫美术馆交相辉映

图1-3-16 不同风格的设计作品

第2章 室内空间组织

2.1 室内空间的概念与类型

2.1.1 室内空间的概念

室内空间是人类劳动的产物，是相对于自然空间而言的，是人类实现有序生活所需要的物质产品。人对空间的需要，是一个从低级到高级，从满足生活上的物质要求，到满足心理上的精神需要的发展过程。但是，不论物质或精神上的需要，都是受到当时社会生产力、科学技术水平和经济文化等方面的制约。

对于一个具有地面、顶面、侧面的六面体空间来说，室内外空间的区别容易被识别，但对于不具备六面体的围蔽空间，可以表现出多种形式的内外空间关系。一个最简单的独柱伞壳，如站台、沿街的帐篷摊位，在一定条件下（主要是高度），可以避免日晒雨淋，在一定程度上达到了最原始的基本功能。面徒四壁的空间，也只能称之为“院子”或“天井”而已，因为它们是露天的。由此可见，有无顶盖是区别内、外部空间的主要标志。具备底面（楼、地面）、顶面（平顶、天棚）、侧面（墙面、隔断）三要素的空间是典型的室内空间；不具备三要素的，除院子、天井外，有些可称为开敞、半开敞等不同层次的室内空间。

经考证，最早的室内空间是3000年前的洞窟。从洞内反映当时游牧生活的壁画来看，证明人类早期就已注意装饰自己的环境。

我们的目的不是企图在这里对不同空间形式下确切的定义，但上述的分析对创造、开拓室内空间环境具有重要意义。譬如，希望扩大室内空间感时，显然以延伸顶盖最为有效。而地面、墙面的延伸，虽然也有扩大空间的感觉，但主要的是体现室外空间的引进，以及室内外空间的紧密联系。而在顶盖上开洞，设置天窗，则主要表现为进入室外空间，同时也具有开敞的感觉（图2-1-1）。

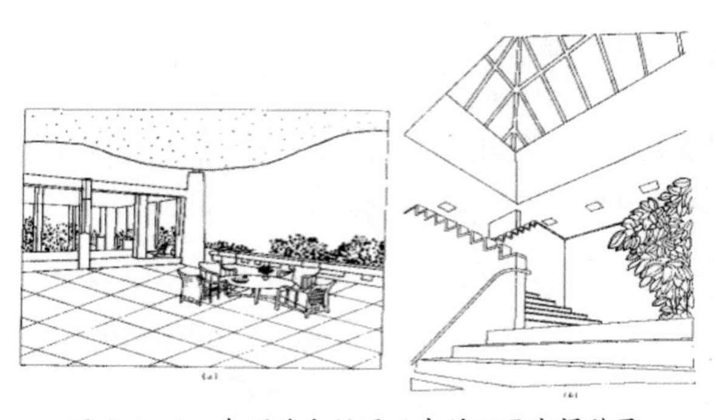

图2-1-1 有顶盖和设置天窗的不同空间效果

2.1.2 室内空间的特性

人类从室外的自然空间进入人工的室内空间意味着人类与不同的事物产生联系，在外部和大自然直接发生关系，如人与天空、太阳、山水、树木花草等的关系；在内部主要和人工因素发生关系，如人与顶棚、地面、家具、灯光、陈设等的关系。

室外空间是无限的，室内空间则是有限的，室内空间无论大小都有规定性。因此相对说来，在这有限的空间中，对人的视距、视角、方位等方面都有一定限制。室内外光线在性质上、照度上也很不一样。室外适宜照射阳光，物体具有较强的明暗对比，室内除部分是受直射阳光照射外，大部分是受反射光和漫射光照射，没有强的明暗对比，光线比室外要弱。因此，同样一个物体，如室外的柱子，受到光影明暗的变化，显得小；室内的柱子因在漫射光的作用下，没有强烈的明暗变化，显得大一点；室外的色彩显得鲜明，室内的色彩则显得灰暗，理解这点对考虑物体的尺度、色彩是很重要的。

由室内空间采光、照明、色彩、装修、家具、陈设等多因素综合造成的室内空间形象在人的心理上会产生比室外空间更强的承受力和感受力，从而影响人的生理、精神状态。室内空间的这种人工性、局限性、隔离性、封闭性、贴近性，其作用类似蚕的茧子，有人称为人的“第二层皮肤”。现代室内空间环境，对人的生活思想、行为、知觉等方面发生了根本的变化，应该说是一种合乎发展规律的进步现象。但同时也带来不少的问题，主要由于与自然的隔绝、脱离的现象日趋严重，从而使现代人体能下降。

因此，有人提出回归自然的主张，怀念日出而作、日落而息的与自然共呼吸的生活方式，这在当代得到了很大的反响。

2.1.3 室内空间功能

室内空间的功能包括物质功能和精神功能。

物质功能包括使用上的要求，如空间的面积、大小、形状，适合的家具、设备布置，使用的方便性，疏散等措施以及科学地创造良好的采光、照明、通风、隔热等物理环境等等。如居住空间，在满足一切基本的物质需要后，还应考虑符合业主的经济条件，在维修、保养或更新等方面开支的限度，提供安全设备和安全感，并在家庭生活期间发生变化时，有一定的灵活性等。

精神功能是在满足物质需求的同时，根据个性、职业、文化教育的不同，满足其个人理想目标的追求等的精神需求。针对人的不同的爱好、愿望、意志、审美情趣、民族象征、民族风格等特点，进行独特的设计使之能充分体现在空间形式的处理和空间形象的塑造上，从而让人们获得精神上的满足和美的享受。

室内空间的美，不论其内部或外部均可概括为形式美和意境美两个方面。

空间的形式美的规律如平常所说的构图原则或构图规律，如统一与变化、对比、韵律、节奏、比例、尺度、均衡、重点、比拟和联想等等，这无疑是在创造空间形象美时必不可少的手段。许多不够完美的作品，总可以在这些规律中找出某些不足之处。由于人的审美观念的发展变化，这些规律也在不断得到补充、调整，以至产生新的构图规律。

但是符合形式美的空间，不一定达到意境美。正像画一幅人像，可以在技巧上达到相当高度，如比例、明暗、色彩、质感等等，但如果没有表现出人的神态、风韵，还不能算作上品。因此，所谓意境美就是要表现特定场合下的特殊性格，也可称为室内空间个性或性格。太和殿的“威严”，朗香教堂的“神秘”，意大利佛罗伦萨大看台的“力量”，落水别墅的“幽雅”，都表现出建筑及室内空间性格特点，达到了具有感染强烈的意境效果，是空间艺术表现的典范。由此可见，形式美只能解决一般问题，意境美才能解决特殊问题；形式美只涉及问题的表象，意境美才深入到问题的本质；形式美只抓住了人的视觉，意境美才抓住了人的心灵。掌握室内空间的性格特点和设计的主题思想，通过室内的一切条件，如室内空间、色彩、照明、家具陈设、绿化等等，去创造具有一定气氛、情调、神韵、气势……的意境美，是室内空间形象创作的主要任务。

2.1.4 室内空间的类型

空间的类型或类别可以根据不同空间构成所具有的性质特点来加以区分，以利于在设计组织空间时选择和运用。

1. 固定空间和可变空间（或灵活空间）

固定空间是一种经过深思熟虑的使用不变、功能明确、位置固定的空间。如目前居住建筑设计中常将厨房、卫生间、浴室作为固定不变的空间，确定其位置，而其余空间可以按用户需要自由分隔，另外，有些永久性的纪念堂，也常作为固定不变的空间。

可变空间则与此相反，为了能适合不同使用功能的需要而改变其空间形式，因此常采用灵活可变的分隔方式，如折叠门、可开可闭的隔断（图 2–1–2），以及影剧院中的升降舞台、活动墙面、天棚等。比如，某歌星开演唱会，会用很独特的出场方式，从天而降或从地面上浮出。

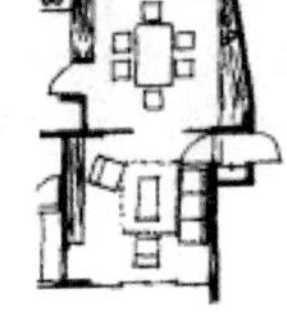

图 2–1–2 隔断

2. 开敞空间和封闭空间

两者的区别：

第一，在空间感觉上，开敞空间是流动的，它可提供更多的室内外景观和扩大视野，封闭空间是静止的，有利于隔绝外来的各种干扰。

第二，在使用上，开敞空间灵活性较大，便于经常改变室内布置，而封闭空间提供了更多的墙面，容易布置家具，但空间变化受到限制，同时，和大小相仿的开敞空间比较显得要小。

第三，在心理效果上，开敞空间常表现为开朗的、活跃的。封闭空间常表现为严肃的、安静的或沉闷的，但富于安全感。因此，开敞空间更带公共性和社会性，而封闭空间更带私密性和个体性。

如图 2–1–3，同样的居室分别处理成了开敞和封闭空间。

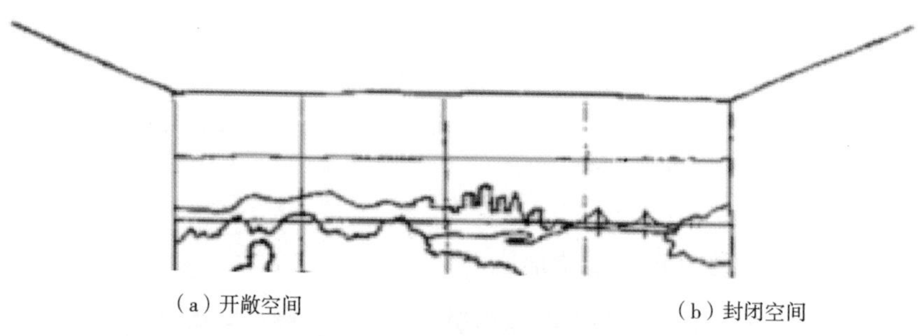

（a）开敞空间　　（b）封闭空间

图 2–1–3　某居室的空间处理

3. 静态空间和动态空间

静态空间一般说来形式比较稳定，常采用对称式。空间比较封闭，构成比较单一，视觉常被引导在一个方位或落在一个点上，空间常表现得非常清晰明确，一目了然。如图 2–1–4（a）为一会议室，家具作封闭形周边布置，天花、地面上下对应，吊灯位于空间的几何中心，空间限定得十分严谨。图 2–1–4（b）为某一饭店自动扶梯旁休息处，对称布置，以实墙为背景，视线停留于此。

（a）会议室　　（b）饭店休息处

图 2–1–4　静态空间示例

动态空间，或称为流动空间，引导人们从动的角度来观察周围事物。常使视线从这一点转向那一点。如自动扶梯，酒吧或舞厅光怪陆离的光影等，使视觉处在不停的流动状态。动态空间的界面（特别是曲面）组织具有连续性动的效果，图 2-1-5 为某酒店大厅，采用空间交错构图，有点像赖特的流水别墅，具有动感。

图 2-1-5　动态空间示例

4. 虚拟空间和虚幻空间

虚拟空间是指在界定的空间内，通过界面的局部变化而再次限定的空间，如局部升高的地面或局部降低天棚，或以不同材质、色彩的平面变化来限定空间等。例如错层（图 2-1-6）。

图 2-1-6　错层

虚幻空间，是指室内镜面反映的虚像，把人们的视线带到镜面背后的虚幻空间去，产生空间扩大的视觉效果。因此，室内特别狭小的空间，常利用镜面来扩大空间感，并利用镜面的幻觉装饰来丰富室内景观。除镜面外，有时室内还利用有一定景深的大幅画面，把人们的视线引向远方，造成空间深远的意象（图 2–1–7）。

图 2–1–7　虚幻空间示例

5. 过渡空间

过渡空间，是根据人们日常生活需要提出来的。比如，当人们进入自己的家庭时，都希望在门口有块地方擦鞋换鞋，放置雨伞、挂雨衣，或者为了家庭的安全性和私密性，也需要进入居室前有块缓冲地带。又如：在影剧院中，为了不使观众从明亮的室外突然进入较暗的观众厅而引起视觉上的急剧变化的不适应感觉，常在门厅、休息厅和观众厅之间设立渐次减弱光线的过渡空间。这些都属于过渡空间。此外，还有如厂长、经理办公室前设置的秘书接待室，某些餐厅、宴会厅前的休息室，都属于比较实用的过渡空间。

设计师在进行设计时，一定要注意过渡空间的处理。比如在楼梯间入口处延伸出几个踏步，这样，这几个踏步可视为楼梯间向门厅的延伸，使人一进门厅就能醒目地注意到，达到了视线的引导作用，也是门厅和楼梯间之间极好的过渡处理。

过渡空间作为前后空间、内外空间的媒介、桥梁、衔接体和转换点，在功能和艺术创作上，有其独特的地位和作用。过渡的形式是多种多样的，有一定的目的性和规律性，如从公共性至私密性的过渡常和开放性至封闭性过渡相对应，和室内外空间的转换相联系：

公共性—半公共性—半私密性—私密性；

开敞性—半开敞性—半封闭性—封闭性；室外—半室外—半室内—室内

2.2 室内空间的构成与分隔

2.2.1 室内空间的构成

基本构成要素：点、线、面是画面的构成要素。由这些要素可以构成画面的二维空间，如三点之间、二线之间可构成最基本的二维空间（图 2-2-1）。

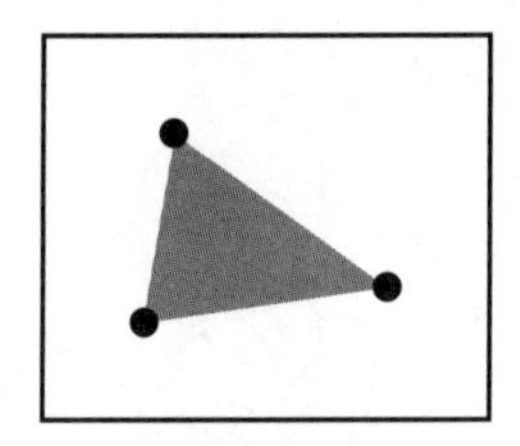
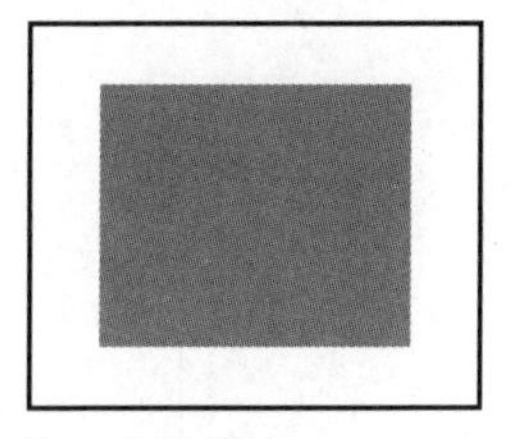

图 2-2-1　二维平面空间构成

建筑形态的构成要素也是由点、线、面和体等组成。一根柱子是点运动的轨迹，一面墙是线的运动轨迹，建筑体块则是面的集合。三根柱子、二块墙面或一块墙面和一根柱子，或两块楼板、几面墙等，可构成最基本的三维空间（图 2-2-2）。

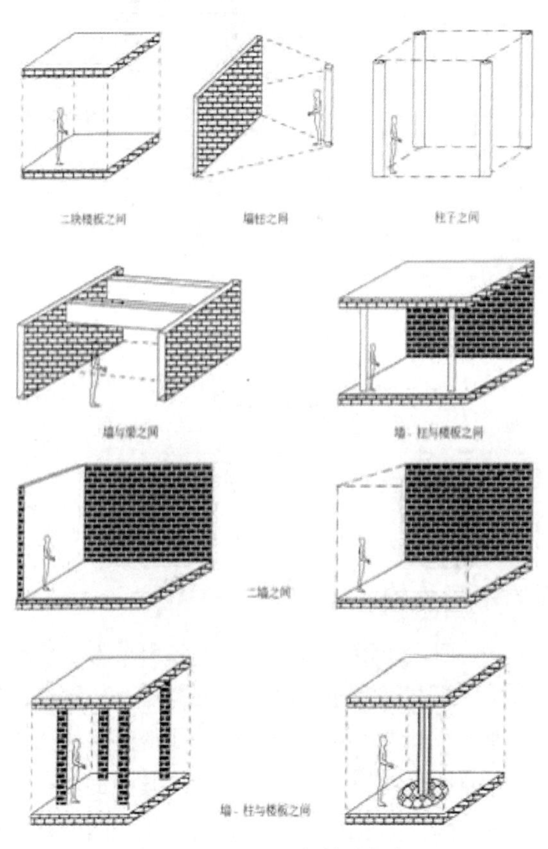

图 2-2-2　三维空间的构成

另外，树与建筑物、室内家具与墙面、室内家具与绿化植物间都可以构成空间（图2-2-3）。

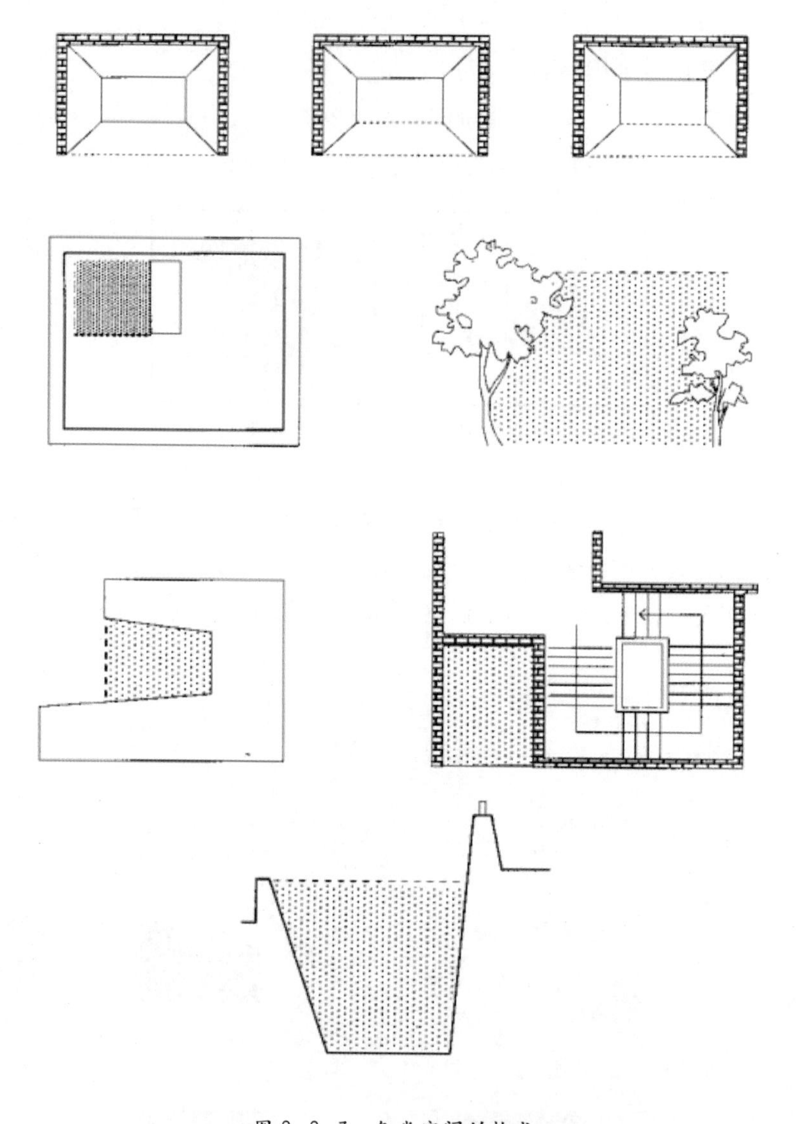

图 2-2-3 各类空间的构成

2.2.2 空间的不同性格

任何一个由点、线、面、体构成的空间，都是由造型、色彩、景物、光线和材质等视觉要素相互关联，相互影响而形成不可分割的有机整体。每一种视觉要素的变化都会引起人的生理和心理的不同感受，这就使得由这些要素构成的空间具有了种种不同的性格。空间的性格就是空间环境对居于其中的人，在生理和心理上引起人们的不同反应。建筑空间伴随着建筑的定形而产生，随着社会的发展而不断地被赋予新的内涵。

1. 神圣空间

以宫殿为代表，比如“故宫”，还有一些供奉神佛的庙宇大殿称佛殿，如“大雄宝殿”之类。这类空间设计应体现出封建礼法和帝王的权威精神，神佛的尊严和至高无上的权威性（图 2–2–4）；这类神圣空间在空间装饰上，强调色彩富丽堂皇，造型上极尽雕梁画栋之能事，表现出一种王者之气。神圣空间讲究形式整齐划一，层次井然，追求空间方圆规矩和秩序井然，装饰严谨浑厚，推崇宗教和帝王的权威，反映了古代儒教崇尚之“礼乐”意识。

图 2–2–4　佛殿

图 2–2–5　古罗马万神庙

古埃及卡纳克・阿蒙神庙内部净宽 103 米，进深 52 米，密排着 134 根柱子。中央两排 12 根柱子高 20 米，直径 3.57 米，上面架高 9.21 米长的大梁，重达 65 吨。其余的柱子高 12.5 米，直径 2.74 米，柱间净空小于柱径，用这样密集的、粗壮的柱子，有意为了制造神秘的压抑效果。古罗马城的万神庙（图 2–2–5）内部空间呈圆形，穹顶直径达 43.3 米，顶端高度也是 43.3 米。按照当时的观念，穹顶象征天宇。它中央开一个直径 8.9 米的圆洞，象征着神的世界和人的世界的联系。从圆洞射来的柔和阳光，照亮宽阔的内部，有一种宗教的静谧气息，这展示了人对神的崇敬。

2. 愉悦空间

此类空间多是意在把环境打扮得富丽堂皇，造成繁华气氛。愉悦空间在色彩设计上以暖色调为主，色彩跳跃。在构成形式上比较活泼，有时还配以节奏鲜明、旋律优美、调子明朗的背景音乐。现代的很多商场、快餐店以此类空间为多。此类空间常常还要结合商业广告的特点进行设计，以营造热闹的商业气氛。

3. 亲密空间

亲密即人与人的紧密关系，人们生活的空间多数是亲密空间。如：岛式或半岛式舞台的演出方式，使演员与观众之间亲密接触，好像演员就在观众之中。时装表演的舞台呈 T 形（图 2–2–6），模特儿的表演深入到观众中间，增加与观众的亲切感。

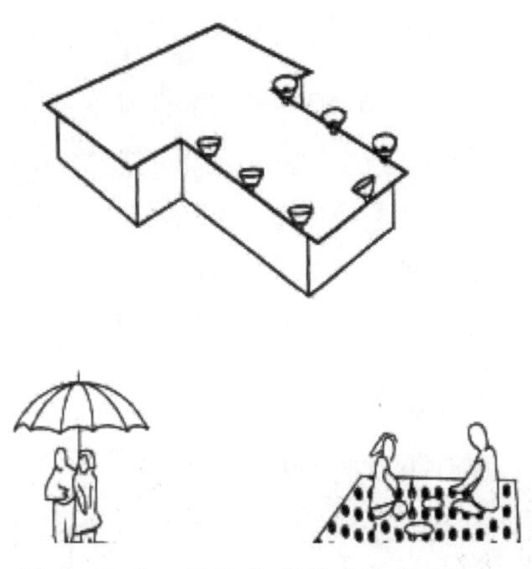

图 2—2—6　不同类型的亲密空间

现代社会，亲密性是人类行为的一种生物形态，行为越是亲密，它所引起的情感就越强烈。在商业环境设计中，具有亲密感的环境场合，才能招揽生意，增加营业额。现代超市一改传统以柜台把顾客隔开的模式，让顾客自选商品，在心理上与商品产生亲切感，同时也满足了顾客的拥有感。

人类自出生就置身于私密性的空间中，我们随时都需要这种安全、舒适、隐蔽的空间。这才有了卧室和其他空间的划分。在许多餐厅、茶室、卡拉 OK 厅、舞厅中的雅座包间都属亲密空间。其特点是与周围环境相对隔离、形成私密或半私密的亲密空间，人们可以在此约会、洽谈、聚餐或业务往来。

在户外，同处一把伞下的一对情侣，伞对于他们来说就是亲密空间。在户外草地上，一张地毯可以划分一个亲密空间。

4. 悠闲空间

是指模仿自然环境的空间。现代城市人口过于集中，生活节奏非常快，交通又拥挤。人们在经过一天的繁劳之后，多么渴望回到富有大自然景象的家庭或住宅区，使自身的疲劳在悠闲空间中尽快消除，在精神上得到安慰。同时，也希望在工作（劳动）环境中能接触到大自然，以便使自己精神焕发，从而有利于身心健康，提高工作效率。悠闲空间正是适应了现代人生理和心理上的需求而受到普遍的欢迎和肯定，如园林风光等。

5. 怀古空间

在快节奏生活方式下一种逆反精神的追求，产生怀古情绪。人们在节奏紧张的城市生活中感到烦燥而单调，希望回顾古文化的风韵，领略古环境的情趣，体验古风貌的轻松自如，以调剂心理。于是古迹名胜、帝宫古陵、圣人贤士居地纷纷成为人们向往的旅游热点，仿古建筑应运而生。在建筑风格、人物服饰，尽量展示历史风貌、装饰题材内容上都取材于历史传说、民间风情，如“桃园结义”、“牛郎织女”、“嫦娥奔月”、《水浒》、《西游记》、《红楼梦》，或者是对一段历史的再现。

对空间的不同处理所产生的心理上和生理上的反应也不同,从而表现不同的性格。

2.2.3 室内空间的分隔

1. 垂直型分隔空间

垂直型分隔空间的方式，通常是利用建筑的构件、装修、家具、灯具、帷幔、隔扇、屏风以及绿化等将室内空间作竖向分隔（图 2-2-7）。

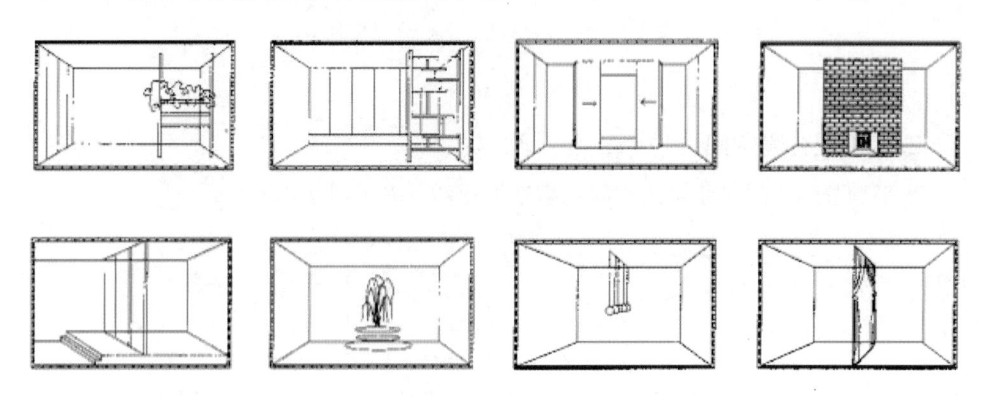

图 2-2-7 垂直型分隔空间

（1）装修分隔空间

装修分隔空间，通常是指在装修时用屏风或博古架隔断等分隔空间。

（2）软隔断分隔空间

所谓软隔断就是帷幔、垂珠帘以及活动的屏风等。通常用于住宅内的读书、睡眠、工作室等与客厅之间的分隔（图 2-2-8 左）。

（3）建筑小品分隔空间

这类分隔空间的方法是通过喷泉、水池、花架等建筑小品，对室内空间进行划分。它不但有保持大空间的特点，而且水和绿色花架增加了室内空间的活跃气氛。

（4）灯具分隔空间

利用灯具的布置对室内空间进行分区，是室内环境设计的常用手法。一个有客厅和餐厅的室内居室，灯具常常与家具陈设相配合，布置相应的光照以分隔空间。

（5）家具分隔空间

家具是室内空间分隔的主要角色之一，常用家具有橱柜、桌椅、书柜等。如果处理得当，可以使空间变大、大空间分成多空间。现代化的大空间办公室，往往是由若干个办公小间组成的（图 2-2-8 右）。

图 2-2-8　以帷幔、立柜分隔空间

2. 水平型分隔空间

水平型分隔空间是将室内空间的高度作种种分隔（图 2-2-9）。

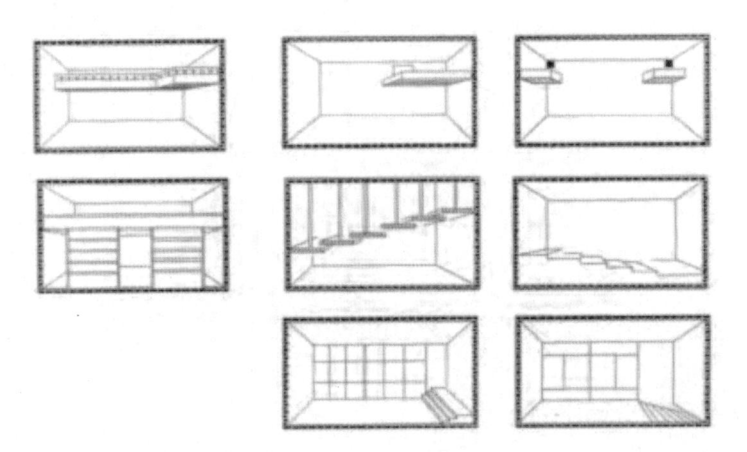

图 2-2-9　水平型分隔空间

（1）地台分隔空间

在家庭住宅设计中，为了增加住宅空间的层次感或者是为了增加储藏功能，可造一地台既做储藏空间，又增加住宅空间的层次。例如错层。

（2）夹层分隔空间

在公共建筑的室内空间，尤其是商业建筑的部分营业厅和图书馆建筑中带有辅助书库的阅览室，常将辅助书库做成夹层，增加空间的使用面积。

（3）看台分隔空间

看台分隔空间一般在观演类建筑的大空间应用较多，它把高大的空间分隔成有楼座看台的复合空间。如体育场的看台、大礼堂会场等。

2.3　室内空间的序列与构图

人的每一行为活动在时空中都体现出一系列的过程，静止只是相对的和暂时的，这种活动过程称行为模式。例如，看电影，先要看电影海报或广告，进而去买票，然后在电影开演前略加休息或做其他准备活动（买小吃，上厕所等），最后观看（这时相对静止）。看完后由后门或旁门疏散，这时看电影活动就基本结束了。室内空间设计一般也是按行为发生过程的序列来排列：广告处—售票间—卫生间—休息厅—小卖部—观看大厅—出口。

对于更为复杂的活动过程或同时进行多种活动，如参加规模较大的展览会，进行各种文娱社会活动和游园等，建筑空间设计相应也要复杂一些，在序列设计上，层次和过程也相应增多。空间序列设计虽应以活动过程为依据，但如仅仅满足行为活动的物质需要，是远远不够的，因为这只是一种“行为工艺过程”的体现而已，而空间序列设计除了按“行为工艺过程”的要求，把各个空间作为彼此相互联系的整体来考虑外，还以此作为建筑时间、空间形态的反馈作用于人的一种艺术手段，以便更深刻、更全面、更充分地发挥建筑空间艺术对人心理上、精神上的影响。

由此可知，空间的序列，是指空间环境的先后活动的顺序关系（图 2-3-1），这是某住宅的空间序列。

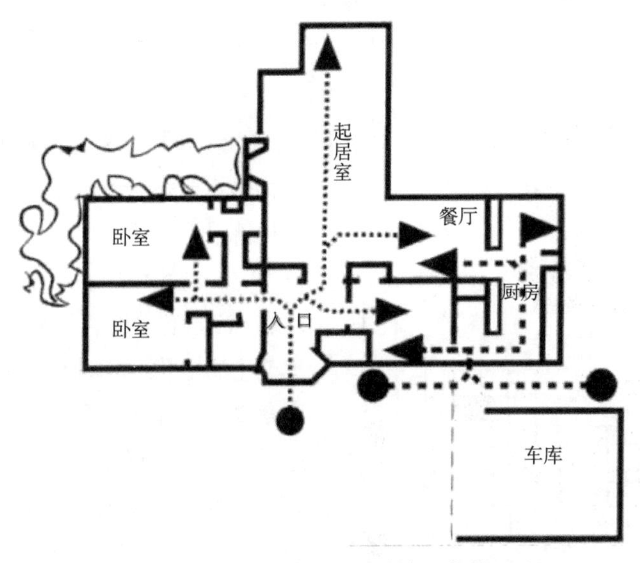

图 2—3—1　加利福尼亚州某住宅平面图

2.3.1　序列的全过程

（1）起始阶段

序列设计的开端，预示着将要展开的内容。开端要有足够的吸引力，比如在酒店或高档餐厅的设计上，一般情况下，一进大门会有一大块屏风隔断，从隔断的装饰上可以看出这个设计的整体风格，是现代的还是仿古风格，可以视为设计的序曲。

（2）过渡阶段

它既是起始后的承接阶段，又是出现高潮阶段的前奏，在序列中，起到承前启后、继往开来的作用，是序列中关键的一环。特别在长序列中，过渡阶段可以表现出若干不同层次和细微的变化，由于它紧接着高潮阶段，因此对最终高潮出现前所具有的引导、启示、酝酿、期待，乃是该阶段考虑的主要因素。是序列设计中的过渡部分，是培养人的情感并引向高潮的重要环节。

（3）高潮阶段

序列设计中的主体，使人在环境中产生种种最佳的感受。前面的各个阶段都是为他服务的。

（4）终结阶段

由高潮回复到平静，也是序列设计中不可缺少的一环，结尾要使人回味。

不同性质的建筑有不同的室内空间序列布局，我们在设计中要掌握其特殊性。比如，在一些交通客运站，以讲效率、速度、节约时间为目的，它的室内设计应该一目了然，层次越少越好，通过的时间越短越好。而在观赏浏览的建筑空间，应该将建筑空间序列适当拉长。如我们在登泰山时，便拾级而上，边观赏美景，这是人生一大乐趣。

如毛主席纪念堂（图 2-3-2），在空间序列设计上也作了充分的考虑。瞻仰群众由花岗石台阶拾级而上，经过宽阔庄严的柱廊和较小的门厅，到达宽 34.6m、深 19.3m 的北大厅，厅中部高 8.5m、两侧高 8m，正中设置了栩栩如生的汉白玉毛主席坐像，由此而感到犹似站在毛主席身旁，庄严肃穆，令人引起许多追思和回忆，这对瞻仰遗容在情绪上作了充分的准备和酝酿。为了突出从北大厅到瞻仰厅的入口，商场上的两扇大门选用名贵的金丝楠木装修，其醒目的色泽和纹理，导向性极强。为了使群众在视觉上能适应由明至暗的过程需要，以及突出瞻仰厅的主要序列（即高潮阶段），在北大厅和瞻仰厅之间，恰当地设置了一个较长的过厅和走道这个过渡空间，

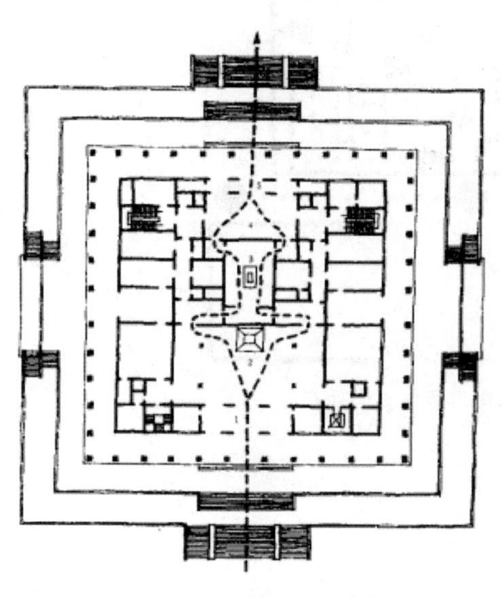

图 2-3-2　毛主席纪念堂

这样使瞻仰群众一进入瞻仰厅，感到气氛更比北大厅雅静肃穆。这个宽 11.3m、深 16.3m、高 5.6m 的空间，在尺度上和空间环境安排上，都类似一间日常的生活卧室，使肃穆中又具有亲切感。在群众向毛主席遗容辞别后，进入宽 21.4m、深 9.8m、高 7m 的南大厅，厅内色彩以淡黄色为主，稳重明快，地面铺以东北红大理石，在汉白玉墙面上，镶刻着毛主席亲笔书写的气势磅礴、金光闪闪的《满江红——和郭沫若同志》词，以激励我们继续前进，起到良好的结束作用。毛主席纪念堂并没有完全效仿我国古代的冗长的空间序列和令人生畏的空间环境气氛，仅有五个紧接的层次，高潮阶段在位置上略偏中后，在空间上也不是最大的体量，这和特定的社会条件、建筑性质、设计思想有关，也是对传统序列的一个改革。

对于某些建筑类型来说，采取拉长时间的长序列手法并不合适。例如以讲效率、速度、节约时间为前提的各种交通客站，它的室内布置应该一目了然，层次愈少愈好，通过的时间愈短愈好，不使旅客因找不到办理手续的地点和迂回曲折的出入口而造成心理紧张。

对于有充裕时间进行观赏游览的建筑空间，为迎合游客尽兴而归的心理愿望，将建筑空间序列适当拉长也是恰当的。

2.3.2 空间序列的设计手法

良好的建筑室内空间序列设计，宛似一部完整的乐章、动人的诗篇。室内空间序列的不同阶段和写文章一样，有起、承、转、合；和乐曲一样，有主题，有起伏，有高潮，有结束；也和剧作一样，有主角和配角，有矛盾双方的对立面，也有中间人物。通过建筑空间的连续性和整体性给人以强烈的印象、深刻的记忆和美的享受。

但是良好的序列章法还是要通过每个局部空间，包括装修、色彩、陈设、照明等一系列艺术手段的创造来实现，因此，研究与序列有关的空间构图就成为十分重要的问题了，一般应注意下列几方面：

1. 空间的导向性

指导人们行动方向的建筑处理，称为空间的导向性。良好的交通路线设计，不需要指路标和文字说明牌（如“此路不通”），而是用建筑所特有的语言传递信息，与人对话。许多连续排列的物体，如列柱、连续的柜台，以至装饰灯具与绿化组合等等，容易引起人们的注意而不自觉地随着行动（图 2-3-3）。有时也利用带有方向性的色彩、线条，结合地面和顶棚等的装饰处理，来暗示或强调人们行动的方向和提高人们的注意力。

图 2—3—3　美国纽约某广告画廊

采用导向的手法是空间序列设计的基本手法，它以建筑处理手法引导人们行动的方向，让人们进入该空间，就会随着建筑空间布置自然而然地随其行动。常用的导向设计方法是采用同一或类似的视觉元素作为导向。没有良好的引导，对空间序列是一种严重破坏。

例如宫殿中同样的红色高墙，在园林设计中以一堵墙作为空间的分隔，在墙上某一位置开一个洞门，人环绕围墙只有通过洞门才能进入空间，墙既起空间分隔又起着导向的作用（图 2–3–4）。

图 2—3—4　分隔空间

相同元素的重复产生节奏，同时也具有导向性。如公路两旁的道路林，园林中的林荫道，垂直的树木重复排列，构成导向。又如颐和园等这种中国式园林是以柱子、亭子、回廊等构成空间导向（图 2–3–5）。由柱子构成的空间，它的透空，给人以视觉的流动和延伸。像一些楼梯是由许多线形栏杆有规则的重复组合、构成旋状的栏杆，使所限定的空间具有向上的导向作用（图 2–3–6）。

图 2-3-5　中国式园林构成的空间导向

图 2-3-6　楼梯形成的向上导向

在日常生活中，利用的要素是很多的，诸如连续的货架、柜台、列柱会指导人们行动的方向和注意力。

2. 视觉中心的安排

导向性只是把人引向高潮的引子，最终的目的是导向视觉中心，视觉中心才是高潮阶段。视觉中心的设置一般是以具有强烈装饰趣味的物件为标志。因此，它既有被欣赏的价值，又在空间上起到一定的注视和引导作用，一般多在交通的入口处、转折点和容易迷失方向的关键部位设置有趣的动静雕塑，华丽的装饰、绘画，形态独特的古玩，奇异多姿的盆景……这是常用为视觉中心的好材料。有时也可利用建筑构件本身，如形态生动的楼梯、金碧辉煌的装修引起人们的注意，吸引人们的视线，必要时还可配合色彩照明加以强化，进一步突出其重点作用。因此，在进行室内装修和陈设布置时，除了美化室内环境外，还必须充分考虑作为视觉中心职能的需要，加以全面安排（图 2-3-7）。

我们还以中国园林为例，建筑以廊、桥、矮墙为导向，进入园中美景，让人领略到诗情画意。我们常用的成语，像“山重水复”“柳暗花明”等，都是这个意思。比如我们在经过长长的楼梯之后，才能看见奇异多姿的盆景和主墙面上精美的壁画。这都是视觉中心很好的例子。

图 2-3-7　美国某公司研究中心休息处

2.3.3　室内空间构图要素和基本法则

1. 构图要素

综合室内各组成部分之间的关系，可体现出室内设计的基本特征。因此，把任何一个特殊的设计（如家具、灯具等），仅仅作为室内整体的组成部分来看，而不考虑在色彩、照明、线条、形式、图案、质地或空间之间的相互关系是不可能的。因为这些要素中的某一种，都会在自己的某些方面对整体效果起到作用。下面围绕几个主要因素加以论述：

（1）线条

任何物体都可以找出它的线条组成，以及它所表现的主要倾向，在室内设计中也不例外。多数设计是由多种线条组成的，但经常是一种线条占优势，并对设计的性格表现起到关键的作用。我们观察物体时，总是要受到线条的驱使，并根据线条的不同形式，使我们获得某些联想和某种感觉，并引起感情上的反应。我们在进行设计时，希望室内创造一定的主题、情调气氛时，记住这一点是很重要的。

线条有两类，直线和曲线（图 2–3–8），它们反映出不同的效果。

图 2–3–8　直线和曲线的不同效果

① 直线：分为垂直线、水平线和斜线。

垂直线：因其垂直向上，表示刚强有力，具有严肃的或者是刻板的男性的效果。在设计运用中，垂直线使人有助于觉得房间较高，结合当前居室层高偏低的情况，利用垂直线造成房间较高的感觉是恰当的。

水平线：包括接近水平的横斜线，使人觉得宁静和轻松，它有助于增加房间的宽度。能引起随和、平静的感觉，水平线常常由室内的桌凳、沙发、床而形成的，或者由于某些家具陈设处于同一水平高度面形成的水平线，使空间具有开阔和完整的感觉。

斜线：斜线最难用，具有方向性动感，可以活跃空间气氛。当室内垂直线和水平线使用过多时，常用斜线加以调节，起到一定的软化作用。

图 2–3–9（a）表明垂直线用得过多，显得单调；如果采用一些水平线和曲线，使之削弱垂直线或起到软化作用，感觉就要生动一些，图 2–3–9（b）为改进后的效果。

（a）垂直线条过多　　（b）改进后效果

图 2–3–9　垂直线的使用效果

如果水平线条用得过多，如图 2–3–10（a），也会显得单调，这样需要增加一些垂直线，形成一定的对比关系，显得更有生气，如图 2–3–10（b）。

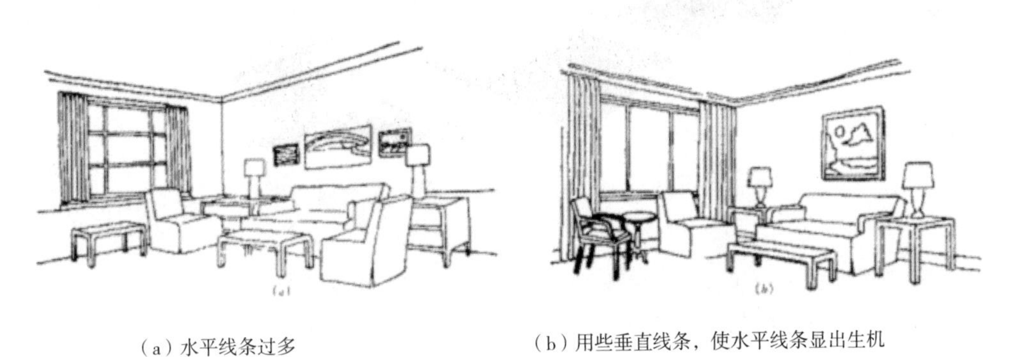

（a）水平线条过多　　（b）用些垂直线条，使水平线条显出生机

图 2–3–10　水平线条使用效果

② 曲线：曲线的变化几乎是无限的，由于曲线的形成是由不断改变方位的线条构成，因此富有动感。不同的曲线表现出不同的情绪和思想，圆的或任何丰满的动人的曲线，给人以轻快柔和的感觉，这种曲线在室内的家具、灯具、花纹织物、陈设品等中，都可以找到。曲线有时能体现出特有的文雅、活泼、轻柔的美感，但若使用不当也可能造成软弱无力和繁琐或动荡和不安定的效果。

“S”形曲线是一种较为柔软的曲线形式，曲线运动因其自然的反方向运动而形成对比、有趣，表现出十分优美文雅，许多装饰品如发夹或图案纹样，采用“S”形的很多，“S”形沙发也是其中之一，还有一些灯具也组成“S”形排列。曲线的起止有一定规律，突然中断，会造成不完整、不舒适的感觉，它和直线运动是不一样的。

图 2-3-11（a）所示：曲线用得过多，显得繁杂和动荡；而当曲线和其他线型相结合时，情况就好得多，如图 2-3-11（b），看来不觉复杂，且更为悦目。在图 2-3-12 中可以看出，由于花瓶和灯具采用了曲线的形状，整个矩形空间生动起来。

（a）单一曲线型

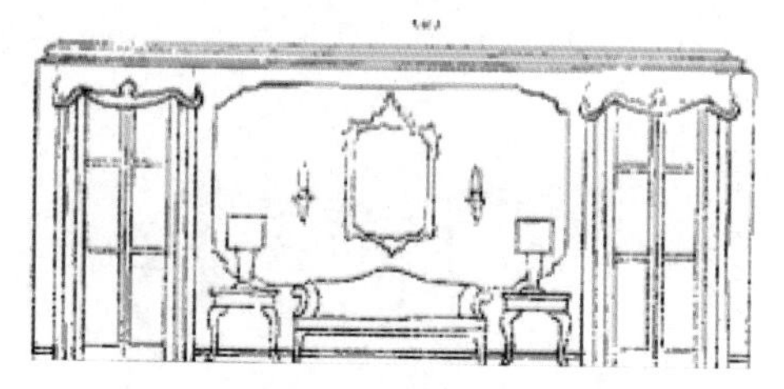

（b）曲线与其他线型组合

图 2-3-11　曲线在室内空间中的效果

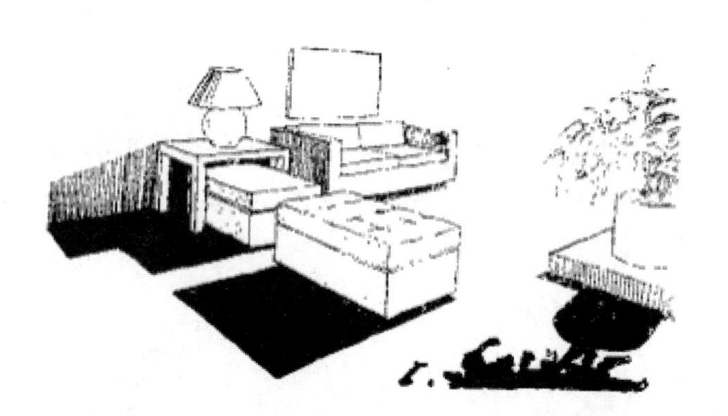

图 2-3-12　花钵、灯具等曲线型在矩形空间的作用

强调一种线型有助于主题的体现。譬如，一个房间要想松弛、宁静，水平线应占统治地位。家具的形式在室内具有主要地位，某些家具可以全部用直线组成，而另一些家具则可以用直线和曲线相结合组成。此外，织物图案也可以用来强调线条，如条纹、方格花纹和各种几何形状花纹。有时一个房间的气氛可以因为简单的、重要的线条的改变而发生变化，使整个室内大大改观。人们常用垂悬于墙上的织物、装饰性的窗帘钩，去形成优美的曲线。采用蛋形、鼓形、铃形的灯罩也能造成十分别致的效果。

（2）形和体

形是指物体的形状，如方形、圆形等，是二度空间。体是三度空间，大多数空间都是以各种形和体综合出现。如曲线形的灯罩，直线构成的沙发，矩形的地毯，斜角顶棚或楼梯。

虽然重复是达到韵律的一种方法，但过多地重复一种形式会变得无题，譬如在一个矩形的墙面，放上一张矩形的桌子，桌上有个矩形的镜子，墙上再有一个矩形的画框……就可能显得太单调。

（3）图案纹样

图案纹样几乎是千变万化的，可由不同的线条构成，有各种不同的植物、动物、花卉、几何图案、抽象图案等等。它们常占有室内极大的面积，在室内引人注意，用得恰当可以增加趣味，并起到装饰作用，丰富室内景观。采取什么样的图案花纹，其形状、大小、色彩、比例与整个空间尺度也有关系，应与室内总的效果和装饰目的结合起来考虑，例如香山饭店的中厅地毯，采用中国传统的冰纹图案，就和整个建筑的主导思想非常吻合。

2. 室内设计构图法则

室内设计在某种意义上来说，就是对形色、质地的选择和布置，其结果也表达了某种个性、风格和爱好。从这点来说，居住空间设计则是反映住户或设计者的思想个性。对于设计的综合选择和布置，并没有固定的规则和公式，因为一些规则和公式，将会妨碍个性的自然表现和缺乏创造性。按陈规的和缺乏个性的模仿设计，很快会使人厌烦。但是如果要使设计达到某种效果和目的，对于一些基本的原则还是应该考虑的。

（1）协调

是室内设计中最基本的法则之一，是把设计中所有的要素结合在一起去创造整体的协调。达·芬奇说“每一部分统一配置成整体，从而避免了自身的不完全”，这是最精确的对协调的阐述。在音乐会开始前，每个人都会对乐队调音，因为，如果每个乐师只关心自己的乐器，而不顾总体的音响效果，那么其结果是任何一种音乐都不会悦耳。当指挥轻打指挥棒时，乐队就变得统一，并且随着指挥的节拍合成曲目。室内设计也是如此。

在室内设计时，主题思想很重要。围绕主题思想进行设计，才能协调好各方面的关系。

（2）比例、尺度

人们在室内设计时，沙发会布置在紧靠客厅长墙的一边；如果是阁楼房间，楼梯下会放置背景墙而不会放沙发。在日常生活中也是这样，个头较小的小妇人，会佩戴和她比例相配的饰品。这些例子说明，在室内空间设计中，各部分的比例和尺度，局部与局部，局部与整体，在每天生活中都会遇到，并且运用了这些原则，其实有时也是无意识的。

房间的大小和形状，将决定家具的总数和每件家具的大小，一个很小的房间，挤满重而大的家具，既不实用也不美观。现代室内设计，倾向于使用少量的、尺度相当的家具，以保持空间的开阔和通透，同时也要避免室内空间的家具看似乎无关紧要甚至可有可无。当一组家具具有统一的比例时，就会使人感到舒适。

（3）均衡

在室内设计中，做到室内空间的均衡，会让视觉感到愉快。室内的家具及其他物体的“质量”，是由其大小、形状、色彩、质地决定的。所有这些，必须考虑到均衡的要素。如果两物大小相同，但一为亮黄色，一为灰色，则前者显得重，粗糙的表面比光滑的显得重，有装饰的墙面比无装饰的光秃秃的墙面感到有分量。

我们要想取得空间的均衡，最常用的就是用对称的布置方式来取得，对称均衡体现了严肃庄重，具有稳定性和完整的统一性，但是不对称的均衡显得轻快生动。

图 2-3-13 平衡在室内空间的作用

如图 2-3-13 所示，由于门和另一端的小桌大小悬殊，立面显得不均衡，经过重新调整后，就显得较为均衡。

我们在设计中可以通过不同的色彩来进行调整视觉的均衡。例如客厅一端为餐厅，客厅的家具和餐厅的家具，质量大小不同，在这种情况下，可以改变色彩来求得均衡。

（4）韵律

室内设计中产生韵律感的方法：

连续：一般室内空间设计是由许多不同的线条组成的，连续线条具有流动的性质，室内的踢脚板、挂镜线、装饰线条的镶边，以及各种在同一高度的家具陈设所形成的线条，画框顶和窗楣的高度一致，椅子、沙发和桌子高度一致等等。这些线条产生一种连续的韵律美。

重点：室内的一切布置，如果非常一般化，就会使人感到平淡无味，不能使人获得深刻的印象和美好的回忆。在设计中，根据室内空间的性质，围绕着一种预期的设想和目的，进行有意识地突出和强调，经过周密的安排、筛选、调整、加强和减弱等一系列的工作，使整个室内主次分明，重点突出，形成一股所谓视觉焦点或趣味中心。在同一空间内可以设计几个趣味中心，但重点太多必然引起混乱。

趣味中心的选择：往往决定于空间的性质、风格和目的，也可以按使用者的爱好、个性特点来确定。某些空间的结构面貌常自然地成为注意的中心，如设有壁炉的客厅，常以壁炉为中心突出室内的特点，窗口也常成为视觉的焦点，如果窗外有良好的景色也可利用作为趣味中心。某些卧室把精心设计的床头板附近范围，作为突出卧室的趣味中心。壁画、珍贵陈设品和收藏品，均可引起人们的注意，成为室内的重点。见图 2–3–14 是美国斯坦福公司总部总经理接待室，以中国古装作为重点装饰品。如果将个人业余爱好收藏的各种标本，作为室内的重点装饰，可以不落俗套，不一般化。

图 2–3–14　美国斯坦福德某公司总经理接待室

形成重点的手法：可以通过物体的布置、照明的运用以及出其不意的非凡的安排来形成重点。例如，多色的织物在许多重复的单色中，就显得突出。此外，体量大的物体也易引起人的特别注意。又如室内以光滑质地占优势的情况下，那一片十分粗糙的质地（如地毯）则容易引起注意。室内空间的特殊形状或结构面貌也常首先引人注意，也可依此利用为趣味中心，切不要去选择那些本来不能引起人注意和兴趣的角落去布置趣味中心。在趣味中心的周围，背景应宁可使其后退而不突出，只有在不平常的位置，利用不平常的陈设品，采用不平常的布置手法，方能出其不意地成为室内的趣味中心（图 2–3–15）。

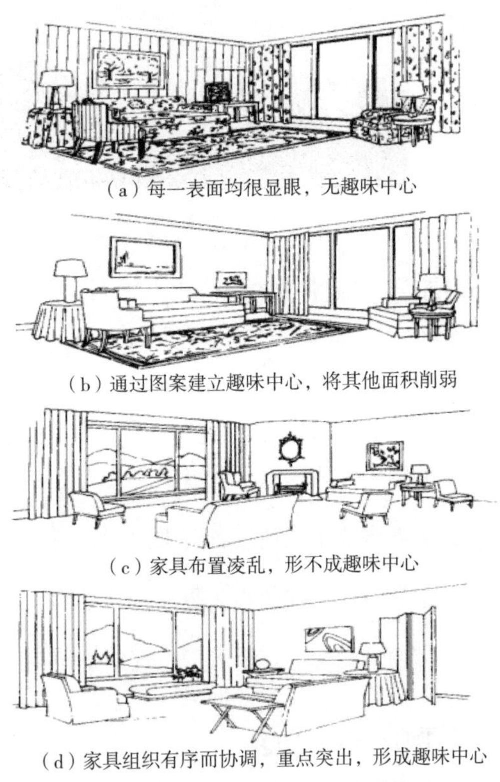

（a）每一表面均很显眼，无趣味中心

（b）通过图案建立趣味中心，将其他面积削弱

（c）家具布置凌乱，形不成趣味中心

（d）家具组织有序而协调，重点突出，形成趣味中心

图 2–3–15　趣味中心的形成

第 3 章　室内设计程序与步骤

3.1　室内设计图面作业程序

3.1.1　场地分析

通过现场实景照片（图 3–1–1），设计师呈现出设计场所的实际景象：建筑朝向、窗外视野、相邻建筑物、树木植物等周围景观情况，了解建筑空间的大小、高度、形态、结构与门窗洞口状况，分析当地气候、日照采光、风向、供热、通风、空调系统及水电等服务设施状况。探明建筑物本身的形式、风格等客观因素。

图 3–1–1　建筑及周边环境景观调研

3.1.2　业主分析

室内空间是人们的庇护所，不但免受伤害，还帮助人们身心健康成长。在室内空间设计中，有许多业主或使用者只知道自己想要什么风格，但并不一定清楚如何设计，才可以减少成本，达到预想效果。所以，设计师要帮助业主或使用者分析各个环节的构成方式，以少的材料、人力、资金、时间来实现最大价值。

①了解多业主或使用者要求，进行分析和评价，明确工程项目的性质、规模、特色。

②掌握多业主或使用成员数量、结构、习俗、职业、经济状况等。

③沟通多业主或使用者的设计期望，并不一定要求用户给予准确的信息。

3.1.3　资料收集

资料的占有率对完善的设计调研起到关键作用。大量的资料搜索、归纳整理、发现问题，进而加以设计分析和资料补充，这样的反复过程会使设计从模糊到清晰。

①了解、熟悉与设计项目有关的设计规范和标准。

②调研所需材料、设备等，研究同类型工程实例。

③查找相似空间的设计方式，发现设计团体自身存在的问题、优劣状况，通过资料分析寻求解决实际问题的方法。

④通过掌握的资料获得灵感和启发并提出一个合理的初步设计概念。

3.1.4 风格定位

室内设计是建筑设计的延续和深化，因此室内设计与建筑设计具有不可分割的联系，室内设计风格往往会在很大程度上与建筑设计的风格一致，在表现形式和表现手法上也有许多相近之处。当然，在居住空间设计中，也有不以建筑设计风格为根据，而是直接同用户深入沟通来明确设计风格的情况。

风格并非存在于真空之中，而是体现在特定历史时期的文化、政治、经济、思想观念、技术、材料的方方面面（图 3-1-2 至图 3-1-6）。

图 3-1-2 美式风格

图 3-1-3 现代风格

图 3-1-4 新中式风格

图 3-1-5 中式风格

图 3-1-6 美式乡村风格

3.1.5 设计草图阶段

通过前期调研、资料收集等阶段，方案构思会朦胧浮现于脑海中，再瞬间即逝。此时需要一种手段快速捕捉，草图是实现这种目的的最有效的手段，可将抽象思维有效地转换成可视图形，记录这暂不确定的想法。包括功能分析图，根据计划和其他调研资料制作信息图表，如矩阵图（图 3–1–7）、气泡图（图 3–1–8），探索各种要素的关系，使复杂的关系条理化。

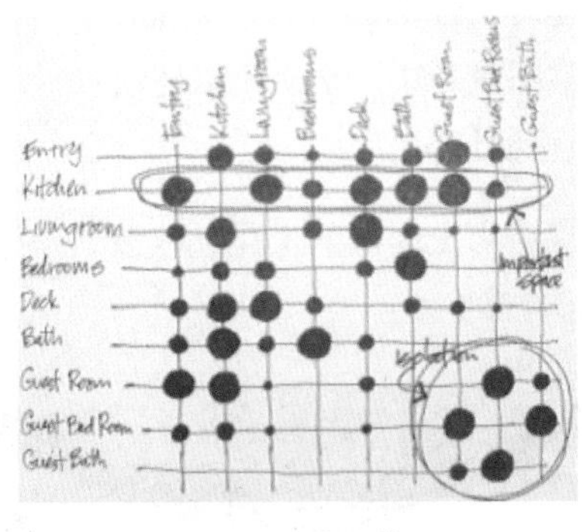

图 3–1–7　草图作业

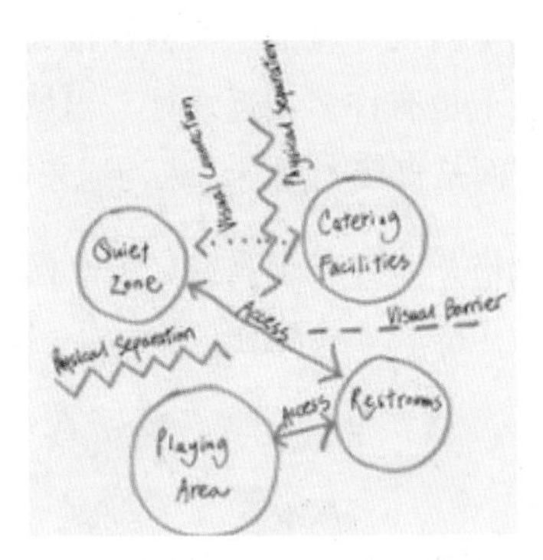

图 3–1–8　草图作业

草图属于设计师比较个性化的设计语言，一般多作为沟通使用，草图常以徒手形式绘制，虽然看上去不那么正式，但花费时间相对较少。其绘制技巧在于快速、随意、高度抽象地表达设计概念，无须太多地涉及细节。

1. 平面功能布局的草图作业——以构思为主要内容

平面功能分析：根据人的行为特征，在建筑内部空间进行的，研究交通与实用之间的关系，涉及位置、形体、距离、尺度等时空要素。

草图作业图解：本体、关系、修饰。所采用的方法是在抽象图形符号之上的圆方图形分析法（图 3–1–9）。

解决重点：空间设计中的功能问题（图 3–1–10），包括平面功能分区、交通流向、家具位置、陈设装饰、设备安装。绘制草图，反复比较、协调矛盾，求得最佳配置。

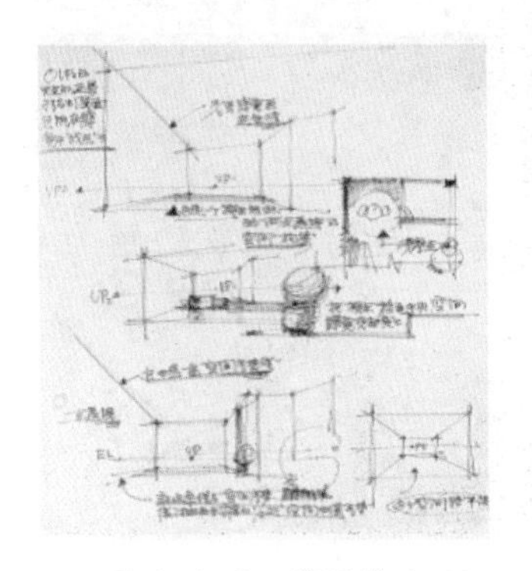

图 3–1–9　草图作业

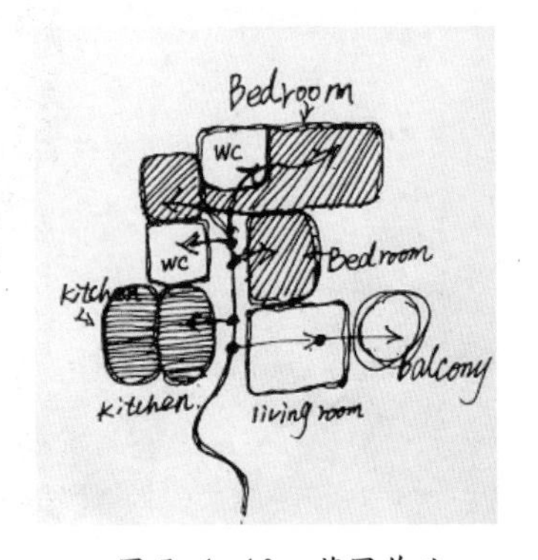

图 3–1–10　草图作业

2. 空间形象构思的草图作业——以表现为主要内容

空间形象构思的草图作业，充分体现审美意识，表达空间艺术创造。着眼点在空间虚拟形体的塑造，注意协调由建筑构件、界面装修、陈设装饰、采光照明所构成的空间总体艺术气氛（图 3-1-11）。

空间形象构思的草图作业以徒手画的空间透视速写为主。主要表现空间大的形体结构，配合立面构图的速写，建立完整的空间形象概念（图 3-1-12、图 3-1-13）。

空间形象构思的草图作业思维方式：空间形式，构图法则，意境联想，流行趋势，艺术风格，建筑构件，材料构成，装饰手法。

当每一张草图呈现在面前的时候，都可能触发新的灵感，抓住可能发展的每一个细节，变化发展绘制出下一张草图，如此往复直至达到满意的结果。

图 3-1-11　空间形象构思

图 3-1-12　草图作业

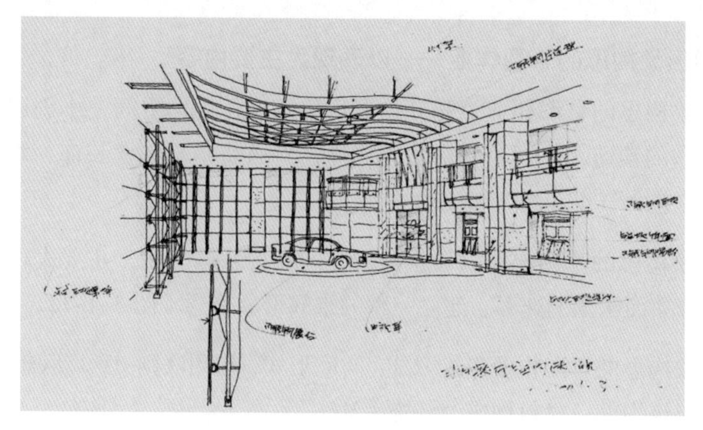

图 3—1—13　草图作业

3.1.6 方案确立与制图阶段

设计概念确立后的方案图作业——以标准为主要内容

作用：一方面它是设计概念思维的进一步深化。另一方面将设计空间构思展示在设计委托者面前。

要求：平立面图要绘制精确，符合国家制图规范，表现内容包括家具和陈设在内的所有内容，甚至要表现材质和色彩。平立面常用的比例 1 ∶ 50、1 ∶ 100，立面图 1 ∶ 20、1 ∶ 50, 透视图要能够忠实再现室内空间的真实景况。

完整的方案图作业应该包括平立面图、空间效果透视图以及相应的材料样板图（实样、照片）和简要的设计说明（图 3–1–14 至图 3–1–19）。

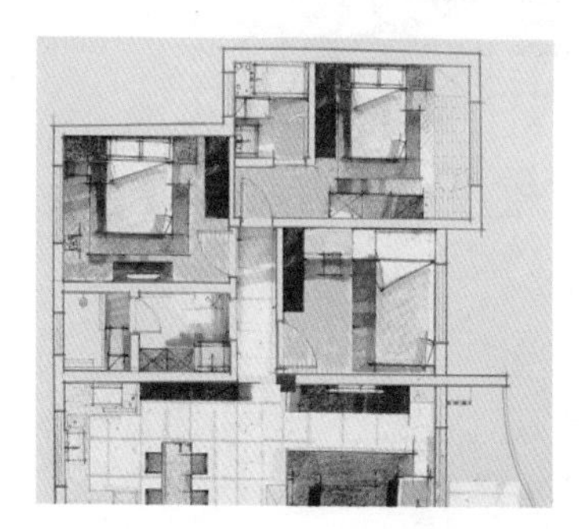

图 3—1—14　平面布置图

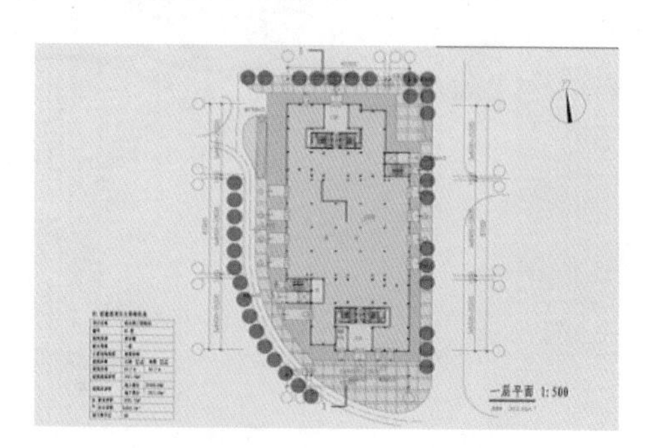

图 3—1—15　平面布置图

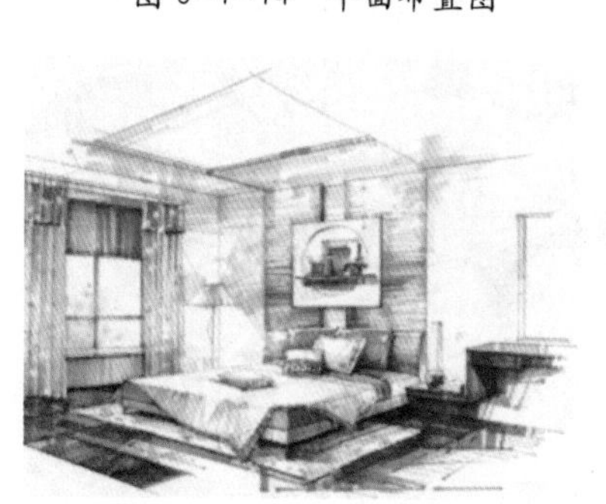

图 3—1—16　主卧效果图

图 3—1—17　客厅效果图

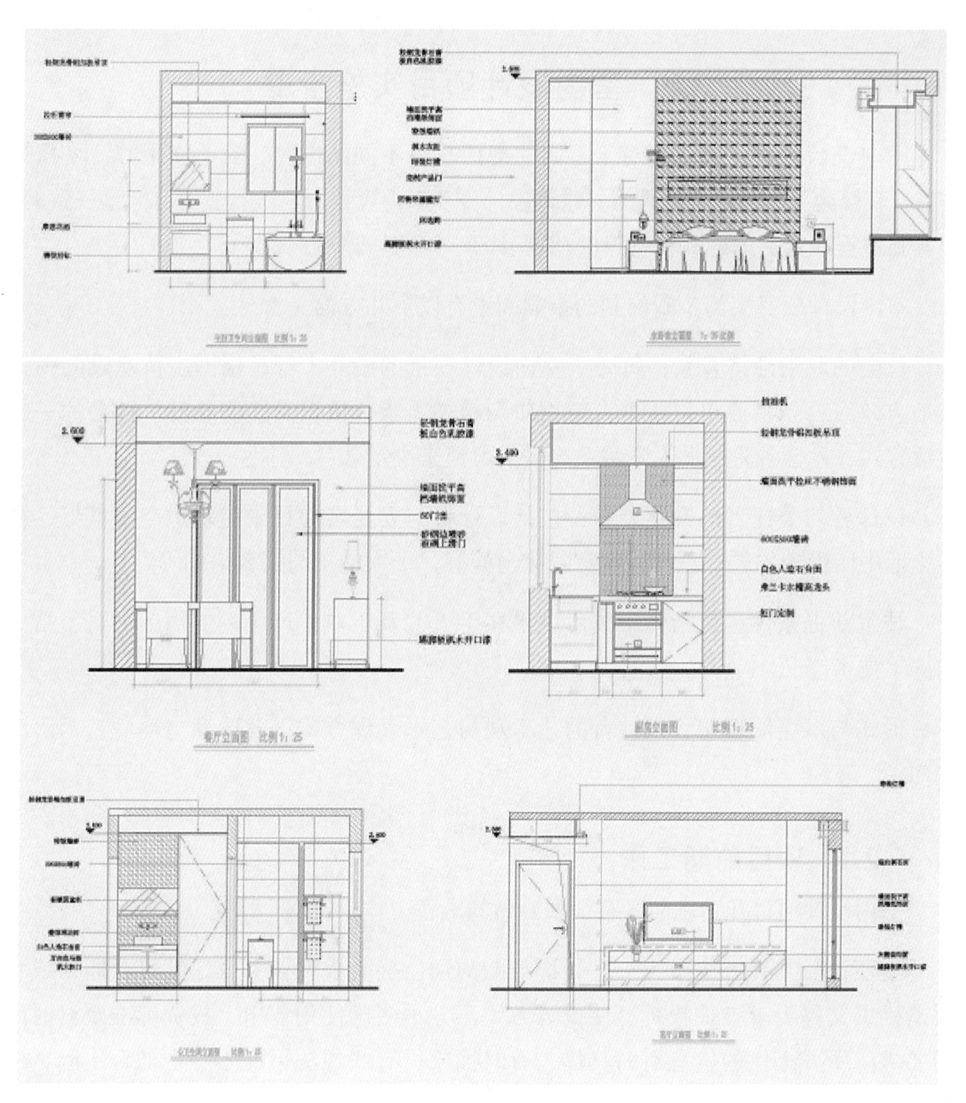

图 3–1–18　立面图

图 3–1–19　某会议室效果图

3.2 室内设计项目实施步骤

室内设计项目实施步骤对于不同的部门具有不同的内容。物业使用方，委托管理方，装修施工方，工程监理方，建筑设计方，室内设计方，虽然最后目标是一致的，但实施过程涉及的内容有着各自的特点。

室内设计项目实施步骤的制约影响因素有以下几方面。

社会的政治经济背景：每一个室内设计项目的确立，都是根据主持建设的国家或地方政府，企事业单位或个人的物质与精神需求，依据其经济条件、社会的一般生活方式、社会各阶层的人际关系与风俗习惯来决定。

设计者与委托者的文化素养：包括设计者与委托者心目中的理想空间世界，社会生活中所受到的教育程度，欣赏趣味与爱好，个人抱负与宗教信仰等。

技术前提条件：包括科学技术成果在手工艺及工业生产中的应用，材料、结构与施工技术等。

形式与审美的理想：设计者的艺术观与艺术表现方式以及造型与环境艺术语汇的使用。

3.2.1 项目前期工作

室内设计项目开始之前，有很多要做的准备工作。

主要是与委托方（甲方）进行详细的沟通，接受委托任务书，签订合同，或者根据标书文件要求参加投标。使设计方（乙方）明确使用要求、投资标准及对时间的要求。甲方提供的信息有时具体、有时抽象，有些想法可能不一定切合实际，或者存在经济、技术等缺陷。所以作为设计方（乙方），最好是在项目实施之初决定设计的方向和表现形式，签订制约委托方（甲方）和设计方（乙方）的具有法律效应的文件，以委托方（甲方）为主，设计方（乙方）应以对项目负责的精神提出建设性意见供甲方参考。当前设计市场大多是以合同文本的附件形式——设计任务书来进行的，内容含：工程项目的地点；工程项目在建筑中的位置；工程项目的设计范围、内容及相应投资额度；不同功能空间的平面区域划分；艺术风格的发展方向；设计进度与图纸类型；设计进度安排；设计费率标准，等等。

其次是项目设计内容的社会调研。如：查阅收集相关项目的文献资料，了解有关的设计原则，掌握同类型空间的尺度关系，功能分区；调查同类室内空间的使用情况，找出功能上存在的主要问题；广泛浏览古今中外优秀的室内设计作品实录，如有条件应尽可能实地参观，从而分析他人的成败得失。测绘关键性部件的尺寸，细心揣摩相关的细节处理手法，积累设计创作的“词汇”（图 3–2–1）。

图 3–2–1　江汉大学展览馆现场调研实景

3.2.2　方案设计阶段

1. 项目概念设计与专业协调

就是运用图形思维的方式，对设计项目的环境、功能、材料、风格进行综合分析之后，所做的空间总体艺术形象构思设计，对设计的成败，有着极大的影响。有了明确的设计概念后，对各专业的实施具有重要意义，如有矛盾，协调解决。例如设计概念与构造设备发生矛盾，结果有三种：构造设备为设计概念让路，放弃已有的设计概念另辟新路，在大原则不变的前提下双方作小的修改。

2. 确定方案与施工图设计

设计方（乙方）要想让富有创意的超前概念付诸实施，是要付出相当的努力与代价的。设计师要利用图示语言，不受约束地表达出对各功能、形式、技术、人文知识、历史知识、哲学概念等多种因素，以当时当地社会公众的一般审美情趣为主要依据，分析、考虑、展现设计空间的要求及其特性。

施工图的制作必须严格遵循国家标准的制图规范进行，施工图设计的把握重点：

①不同材料类型的使用特征：切实掌握材料的物质特性、规格尺寸、最佳表现方式。

②材料连接方式的构造特征：利用构造特征来表达预想的设计意图。

③环境系统设备与空间构图的有机结合：如灯具样式、空调风口、暖气造型、管道走向等等，如何成为空间界面构图的有机整体。

④界面材料过渡的处理方式：人的视觉注意焦点多集中在线形的转折点，空间界面转折与材料过渡的处理成为表现空间细节的关键（图 3–2–2 至图 3–2–6）。

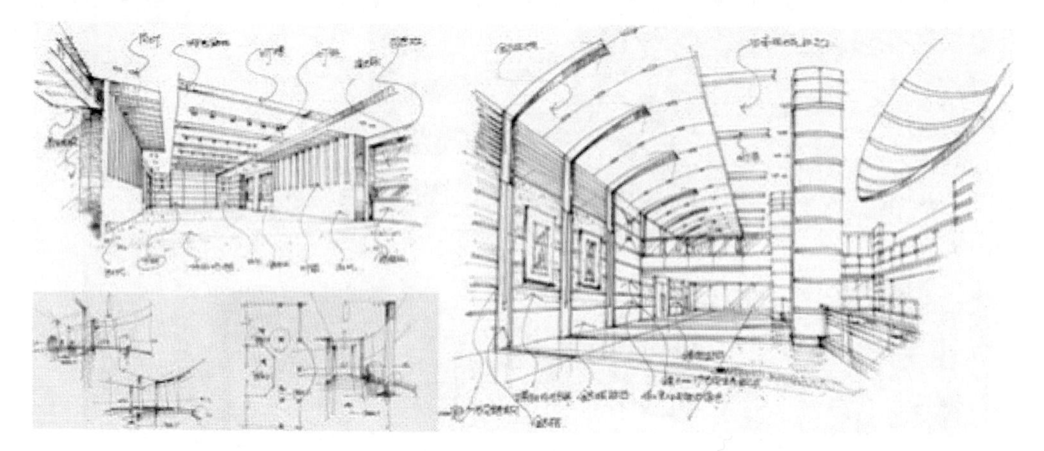

图 3-2-2　方案草图

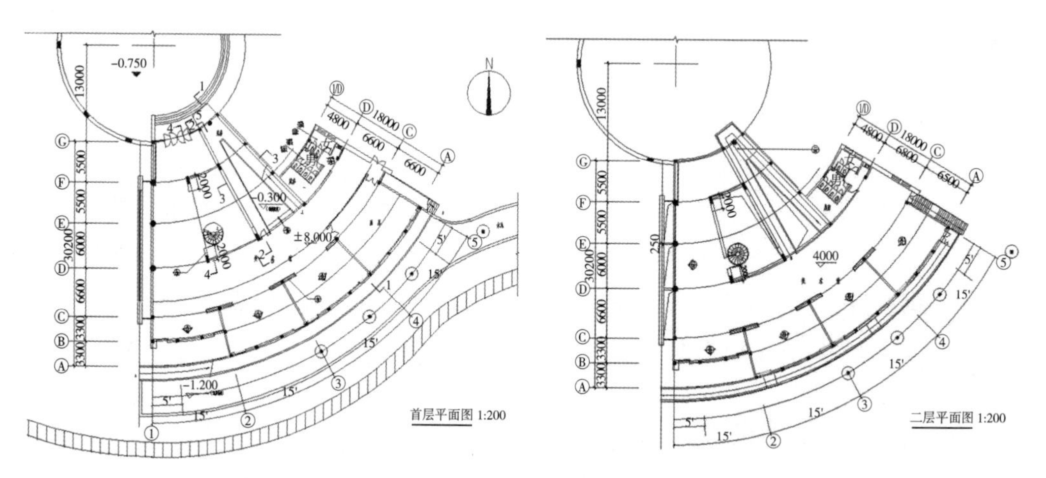

图 3-2-3　平面图

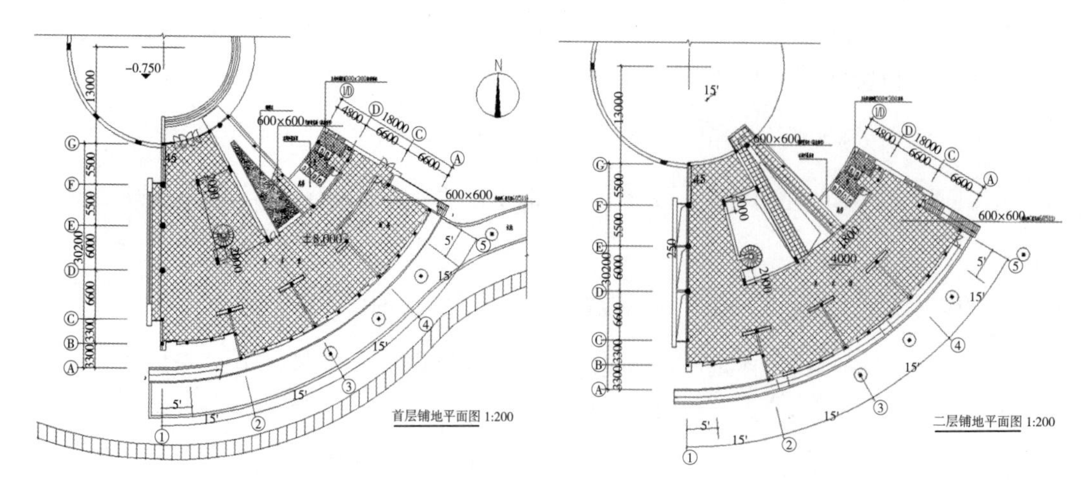

图 3-2-4　平面铺装图

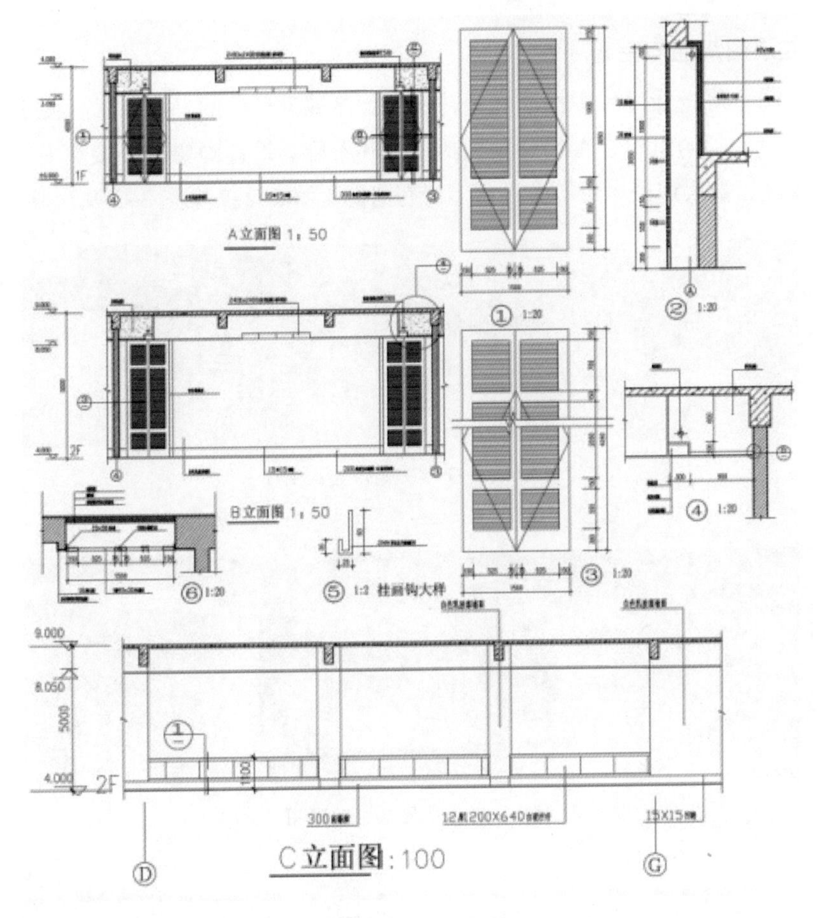

图 3-2-5 立面图

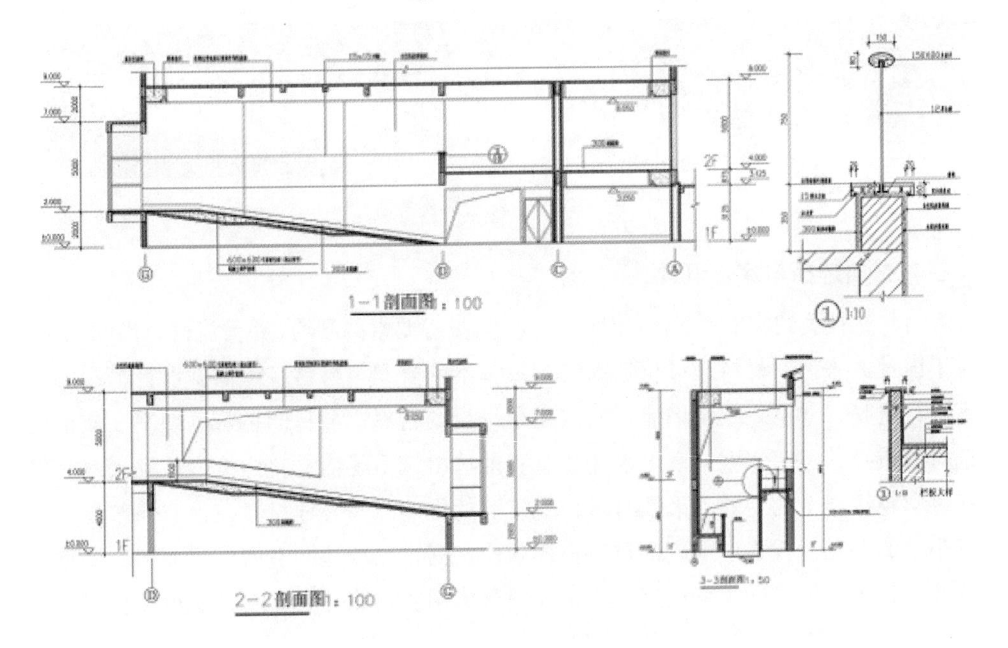

图 3-2-6 剖面图

3. 效果图沟通与完善

效果图是将设计过程中抽象构想转换为具体视觉形象的一种技术，便于甲方直观地了解设计师的思想是否达到预期的要求和希望。设计师要虚心接受甲方要求，完善效果图设计表现，尽量不在设计上留有遗憾（图 3–2–7 至图 3–2–9）。

图 3–2–7　展览馆效果图

图 3–2–8　展览馆效果图

图 3–2–9　展览馆效果图

4. 材料选择与深化设计

材料选择受到类型、价格、产地、厂商、质量等要素的制约，并受流行时尚的困扰。对于设计方来说，材料是进行室内装饰最基本的要素，材料应该依据设计概念的界定进行选择，并不一定使用流行的或是最昂贵的材料。材料的色彩、图案、质地是选材的重点，一定注意：室内设计注重实地选材，不迷信材料样板；注意天然材料在色彩与纹样上的差异，天然石材，受矿源的影响，同一种材料在色彩与纹样上有着小小的差别；收集室内装饰材料实样版面。窗帘、地毯、室内纺织面料、墙地面砖及石材等均用实样，家具、灯具、设备等可用实物照片。有时也要根据材料供货情况对原有设计进行适当调整与深化。

5. 设计意图、施工图说明和造价概算

设计方案经审定后，立即进入编制设计意图、施工说明、项目实施进度表和造价预算阶段，用语言、图表、数据等对图形设计进行补充、完善，解决理性、技术、程序上的不明问题，有时能起到锦上添花的效果（表 3-1、表 3-2）。

表 3-1　装修材料表

装　修　材　料　表

				顶　　棚			墙（柱面）				地　　面							
序号				1.	2.	3.	1.	2.	3.	4.	1.	2-1.	2-2.	2-3.	2-4.	3.	4.	5.
		材料名称 / 房间名称	面积 m2	白色乳胶漆 轻钢龙骨 纸面石膏板	乳胶漆 板底 梁底	镉扣顶吊顶	白色 乳胶漆	黑胡桃木鱼 木板	壁纸	瓷片	水泥泥浆	600×600 浅米鱼抛光玻化砖	600×600 浅灰鱼哑光玻化砖	600×600 浅灰鱼防滑玻化砖	600×600 浅灰鱼板岩玻化砖	实木地板	磨光 花岗石板	50×100 深鱼 木方
一	1.	展　厅	600.47	●	●		●	●				●						
	2.	画　库	82.21	●	●		●	●				●						
	3.	库　房	34.7		●		●				●							
层	4.	卫生间	27.22	●		●				●				●				
		合　计	834.6															
二	1.	展　厅	798.68	●	●		●	●				●						
	2.	库　房	13.7		●		●				●							
层	4.	卫生间	27.22	●		●				●				●				
		合　计	839.6															
		总　计	1674.2															

表 3-2　灯具明细表

灯　具　明　细　表

序号			1.	2.	3.	4.	5.	6.	7.	8.	9.	10.	11.	12.	
		灯具名称 / 房间名称	石英射灯	墙壁射灯	条型射灯	ϕ150 吸顶式 筒灯	ϕ150 节能 筒灯	ϕ365 铝合金 球罩 节能灯	3×20W 柔光平面格栅灯	2400X 2400 灯 光采光 顶棚	40W 单管 白光灯	2×40W 支架 白光灯	吸顶灯	600×600 灯盒	轨道式 照画灯
一	1.	展厅				27	16			2					数量依现场定 @1500
	2.	画库										9			
	3.	库房									4				
层	4.	卫生间					3							4	
		合计				27	19			2	4	9		4	
二	1.	展厅					21			7					数量依现场定 @1500
	2.	库房									1				
层	3.	卫生间					3							4	
		合计					24			7	1			4	
		总计				27	43			9	5	9		8	

3.2.3 施工与评价阶段

设计方案、施工图等绘制完成之后，选定具体实施的施工企业。施工前，设计方应向施工单位进行设计意图说明及图纸的技术交底。工程施工期间，按图核对施工实况，现场体验构造、尺度、色彩、图案等问题，提出对图纸的局部修改或补充（由设计单位出具修改通知书）。施工结束时，会同质检、建设单位进行工程验收，并交代有关日常维护的注意事项。

施工监理是项目实施过程中必不可少的。通常由专门监理单位承担工程监理的任务，对装饰施工进行全面的监督与管理，以确保设计意图的实施，使项目施工按期、保质、保量、高效协调地进行。作为设计方或设计师无论监理情况如何，都要做到尽量亲临现场，与施工方、监理方、建设方始终保持良好的沟通与协调。

室内设计的工程施工完成，室内设计项目实施过程并没有结束。其效果好坏还要经过使用后的评价才能确定。要通过专门的验收、评定，才能找到优点与不足之处，才能更好地总结经验，改进设计，提高设计水平。

第 4 章　室内设计与人体及心理尺度

4.1　人体基本尺度及应用

4.1.1　人体基本尺度

人体尺度是设计师进行室内空间设计时必须考虑的基本因素，人的身体会因年龄、健康状况、性别、种族、职业等的不同而有显著的差异，必须考虑差异性对设计产生的具体影响。

1988 年，国家标准局发布了《中国成年人人体尺寸》（GB10000–88），为我们研究人体工程学、室内设计的人体参数提供了科学的根据和标准的数据（表 4–1 至表 4–4、图 4–1–1）。

表 4–1　人体主要尺寸

测量项目 \ 百分位数 \ 年龄分组	男（18~60 岁）							女（18~55 岁）						
	1	5	10	50	90	95	99	1	5	10	50	90	95	99
身高 /mm	1543	1583	1604	1678	1754	1775	1814	1449	1484	1503	1570	1640	1695	1697
体重 /kg	44	48	50	59	71	75	83	39	42	44	52	63	66	74
上臂长 /mm	279	289	294	313	333	338	349	252	262	267	284	303	308	319
前臂长 /mm	206	216	220	237	253	258	268	185	193	198	213	229	234	242
大腿长 /mm	413	428	436	465	496	505	523	387	402	410	438	467	476	494
小腿长 /mm	324	338	344	369	396	403	419	300	313	319	344	370	376	390

表 4–2　立姿人体主要参数

测量项目 \ 百分位数 \ 年龄分组	男（18~60 岁）							女（18~55 岁）						
	1	5	10	50	90	95	99	1	5	10	50	90	95	99
眼高 /mm	1463	1474	1495	1568	1643	1664	1705	1337	1371	1388	1454	1522	1541	1579
肩高 /mm	1244	1281	1299	1367	1435	1455	1494	1166	1195	1211	1271	1333	1350	1385
肘高 /mm	925	954	968	1024	1079	1096	1128	873	899	913	960	1009	1023	1050
手功能高 /mm	656	680	693	741	787	801	828	630	650	662	704	746	757	778
会阴高 /mm	701	728	741	790	840	856	887	648	673	686	732	779	792	819
胫骨点高 /mm	394	409	417	444	472	481	498	363	377	384	410	437	444	459

表 4–3　坐姿人体尺寸

年龄分组	男（18~60 岁）							女（18~55 岁）						
百分位数 测量项目	1	5	10	50	90	95	99	1	5	10	50	90	95	99
坐高 /mm	836	858	870	908	947	958	979	789	809	819	855	891	901	920
坐姿颈椎点高 /mm	599	615	624	657	691	701	719	563	579	587	617	648	657	675
坐姿眼高 /mm	729	749	761	798	836	847	868	678	695	704	739	772	783	803
坐姿肩高 /mm	539	557	566	598	631	641	659	504	518	526	556	585	594	609
坐姿肘高 /mm	214	228	235	263	291	298	312	201	215	223	251	277	284	299
坐姿大腿厚 /mm	103	112	116	130	146	151	160	107	113	117	130	146	151	160
坐姿膝高 /mm	441	456	464	493	523	532	549	410	424	431	458	485	493	507
小腿加足高 /mm	372	383	389	913	439	448	463	331	342	350	382	399	405	417
座深 /mm	407	421	429	457	486	494	510	388	401	408	433	461	469	485
臀膝距 /mm	499	515	524	554	585	595	613	481	495	502	529	561	570	587
坐姿下肢长 /mm	892	921	937	992	1046	1063	1096	826	851	865	912	960	975	1005

表 4–4　人体水平主要尺寸

年龄分组	男（18~60 岁）							女（18~55 岁）						
百分位数 测量项目	1	5	10	50	90	95	99	1	5	10	50	90	95	99
胸宽 /mm	242	253	259	280	307	315	331	219	233	239	260	289	299	319
胸厚 /mm	176	186	191	212	237	245	261	159	170	176	199	230	239	260
肩宽 /mm	330	344	351	375	397	403	415	304	320	328	351	371	377	387
最大肩宽 /mm	383	398	405	431	460	469	486	347	363	371	397	428	438	458
臀宽 /mm	273	282	288	306	327	334	346	275	290	296	317	340	346	360
坐姿臀宽 /mm	284	295	300	321	347	355	369	296	310	318	344	374	382	400
坐姿两肘间距 /mm	353	371	381	422	473	489	518	326	348	360	404	460	378	509
胸围 /mm	762	791	806	867	944	970	1018	717	745	760	825	919	949	1005
腰围 /mm	620	650	665	735	859	895	960	622	659	680	772	904	950	1025
臀围 /mm	780	805	820	875	948	970	1009	795	824	840	900	975	1000	1044

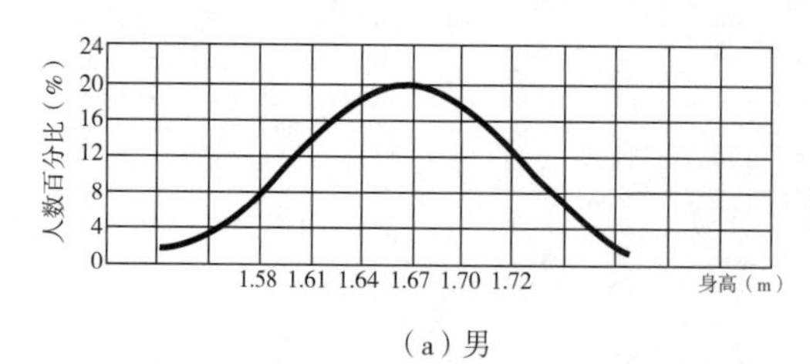

（a）男

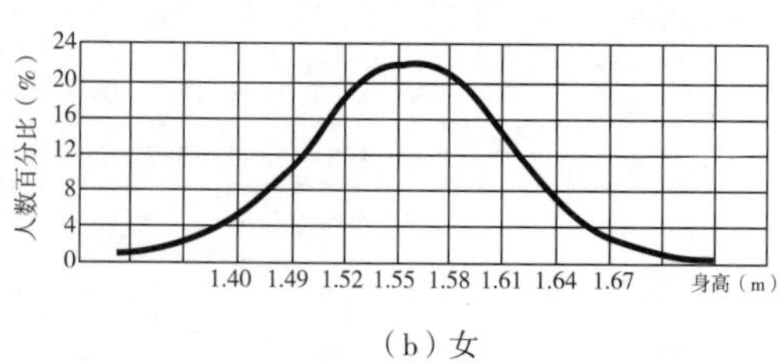

（b）女

图 4—1—1　我国成年男、女不同身高的百分比

4.1.2 人体基本活动尺度

在室内设计时，参照的人体基本活动尺度，应考虑在不同的空间与围护的状态下，人们动作和活动的安全性和适宜尺度，以及空间使用的功能性、观赏性要求（表 4–5、图 4–1–2 至图 4–1–4）。

表 4–5 我国不同地区人体各部分平均尺寸 mm

编号	部位	较高人体地区（冀、鲁、辽）		中等人体地区（长江：三角洲）		较低人体地区（四川）	
		男	女	刃	女	男	女
A	人体高度	1690	1580	1670	1560	1630	1530
B	肩宽度	420	387	415	397	414	385
C	肩峰至头顶高度	293	285	291	282	285	269
D	正立时眼的高度	1513	1474	1547	1443	1512	1420
E	正坐时眼的高度	1203	1140	1181	1110	1144	1078
F	胸廓前后径	200	200	201	203	205	220
G	上臂长度	308	291	310	293	307	289
H	前臂长度	238	220	238	220	245	220
I	手长度	196	184	192	178	190	178
J	肩峰高度	1397	1295	1379	1278	1345	1261
K	1/2 上骼展开全长	869	795	843	787	848	791
L	上身高长	600	561	586	546	565	524
M	臀部宽度	307	307	309	319	311	320
N	肚脐高度	992	948	983	925	980	920
O	指尖到地面高度	633	612	616	590	606	575
P	上腿长度	415	395	409	379	403	378
Q	下腿长度	397	373	392	369	391	365
R	脚高度	68	63	68	67	67	65
S	坐高	893	846	877	825	350	793
T	腓骨头的高度	414	390	407	328	402	382
U	大腿水平长度	450	435	445	425	443	422
V	肘下尺寸	243	240	239	230	220	216

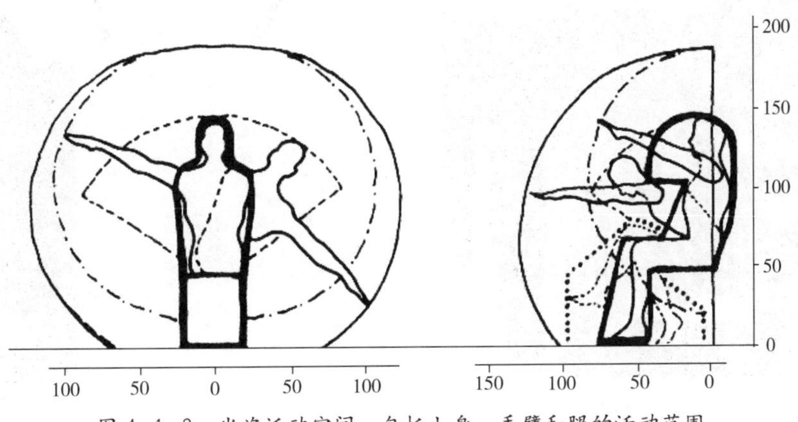

图 4–1–2 坐姿活动空间，包括上身、手臂和腿的活动范围

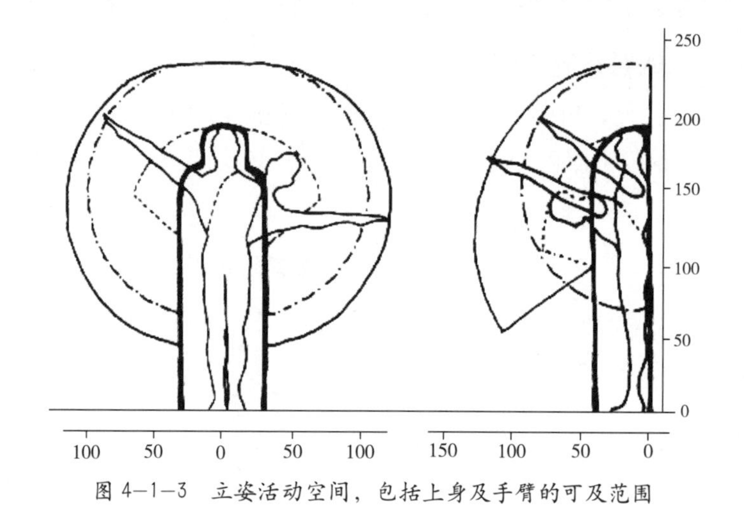

图 4-1-3　立姿活动空间，包括上身及手臂的可及范围

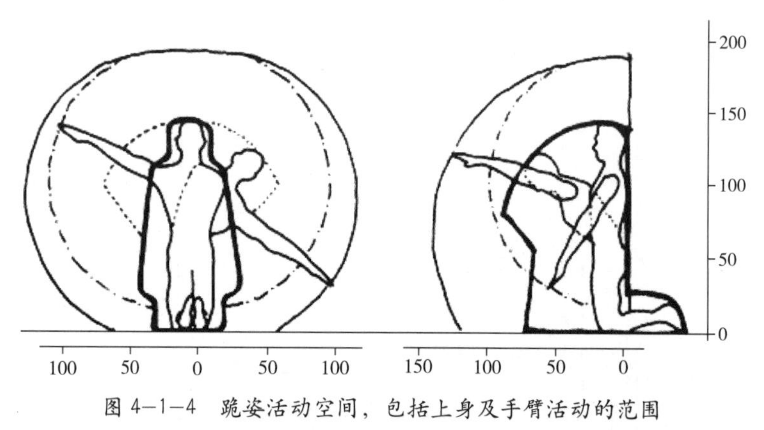

图 4-1-4　跪姿活动空间，包括上身及手臂活动的范围

例如：对门洞高度、楼梯通行净高、隔断高度、通道高度等应取男性人体高度的上限，并适当考虑人体活动时所需空间范围进行设计；对踏步高度、上搁板高度、窗台及挂钩高度，应采用女性人体相关参数的平均高度进行设计（图 4-1-5、图 4-1-6）。

图 4-1-5　Jeffreychoo 巴厘风格公寓设计

图 4-1-6　胡硕峰清欢国际生活家饰

4.1.3 人体尺度与室内设计

1. 人体尺度与居住空间设计

在居住空间设计中，要注重人体在室内物理环境中的最佳参数。室内物理环境包括室内热环境、声环境、光环境、重力环境、辐射环境等等。

在居住空间设计中应注意以下几点：

（1）沙发与茶几、视听设备之间的尺度关系。

（2）人流通道的顺畅及与家具之间的尺度关系。

（3）人坐在坐卧性家具上相互交流的角度及尺寸关系。

（4）墙面装饰与人的坐姿、立姿之间的视阈关系。

（5）凭倚类家具与人坐姿、站姿之间的尺寸关系。

（6）贮存类家具中的陈列品与人的视角之间的尺寸关系（图 4–1–7、图 4–1–8）。

图 4—1—7 良好的空间尺度和视觉效果

图 4—1—8 装饰陈列品营造出良好的氛围

2. 人体尺度与餐饮空间设计

餐饮空间以餐饮部分的规模、面积和用餐座位数为设计指标，因空间的性质、等级和经营方式而异。餐饮空间的等级越高，餐饮面积指标越大，反之则越小。餐厅的面积一般以 1.85/m² 每座计算，指标过小会造成拥挤，过大，易增加工作人员的劳作活动时间和精力（表 4–6）。

餐饮空间中，大中型餐厅的餐座总数一般占总餐座数的 70%~80%。小餐厅的餐座总数一般占总餐座数的 20%~30%。影响餐座面积的因素有：饭店的等级、餐厅等级、餐座形式等。

餐饮设施的常用尺寸主要有：

餐厅服务走道的最小宽度为 900 mm；通路最小宽度为 250 mm；餐桌最小宽度为 700 mm；四人方桌 900 mm × 900 mm；四人长桌 1 200 mm × 750 mm；六人长桌 1500

mm × 750 mm；八人长桌 2300 mm × 750 mm；一人圆桌最小直径 750 mm；二人圆桌最小直径 850 mm；四人圆桌最小直径 1050 mm；六人圆桌最小直径 1200 mm；八人圆桌最小直径 1500mm；餐桌高 720 mm；餐椅座面高 440–450 mm；吧台固定凳高 750 mm；吧台桌面高 1050 mm；服务台桌面高 900 mm；搁脚板高 250 mm。

在餐饮空间设计中应注意以下几点：

（1）餐桌布局中主通道与支通道的尺度关系。

（2）餐桌的大小与进餐的人数之间的关系。

（3）餐桌的基本尺寸与人体需求之间的关系。

（4）服务员送餐的通道尺寸及最佳路线。

（5）服务台内工作人员的活动范围及物品摆放的最佳尺寸。

表 4–6　不同规模的餐馆面积分配

级别	分项	每座面积 / ㎡	比例 /%	规模（座）				
				100	200	400	600	800/1 000
一级餐馆	总建筑面积	4.5	100	450	900	1 800	2 700	3 600
	餐厅	1.30	29	130	260	520	780	1 040
	厨房	0.95	21	95	190	380	570	760
	辅助	0.05	11	50	100	200	300	400
	公用	0.45	10	45	90	180	270	360
	交通结构	1.30	29	130	260	520	780	1 040
二级餐馆	总建筑面积	3.6	100	360	720	1 440	2 160	2 880
	餐厅	1.10	30	110	220	440	660	880
	厨房	0.79	22	79	158	316	474	632
	辅助	0.43	12	43	86	172	258	344
	公用	0.36	10	36	72	144	216	288
	交通结构	0.92	26	92	184	368	552	736
三级餐馆	总建筑面积	2.8	100	280	560	1 120	1 680	2 240
	餐厅	1.00	36	100	200	400	600	800
	厨房	0.76	27	76	152	304	456	608
	辅助	0.34	12	34	68	136	204	272
	公用	0.14	5	14	28	56	84	112
	交通结构	0.56	20	56	112	224	336	448

3. 人体尺度与购物空间设计

购物空间中，商品展示道具的尺度受商品、环境、人、道具自身结构、材料和工艺等要素的限定，其尺度标准的制订应综合起来考虑。厅堂内挂镜线的高度通常为 350~400 cm；桌式陈列柜总高约为 120 cm，底座约为 60 cm；立式陈列柜总高为 180~220 cm，底抽屉板距地面约为 60 cm；低矮的陈列柜视商品大小而定。店堂通道的位置将直接决定购物面和售货面的面积。

在购物空间设计中应注意以下几点：

（1）商场中营业面积与人流之间的尺寸及比例关系。

（2）陈列架的高度与人的立姿视阈之间的关系。

（3）陈列架、柜的摆放及与所售物品相互之间的尺寸及比例关系。

（4）展柜下部存放空间与人的动作之间的尺度关系（图 4–1–9、图 4–1–10）。

图 4—1—9　购物空间设计 1

图 4—1—10　购物空间设计 2

4. 人体尺度与办公空间设计

办公空间形式多种多样，有办公室、会议室、研究室、教室、实验室等形式。这类空间既有开放性，又有私密性。确定这类空间的尺度，首先要满足个人空间的行为要求，然后再满足与其相关的公共行为的要求（图 4–1–11、图 4–1–12）。

图 4—1—11　中山卓盈丰纺织制衣公司会议室

图 4—1—12　吉林省电力超高压局办公楼

在办公空间设计中应注意以下几点：

（1）符合办公空间的使用性质、规模、与标准。

（2）办公家具与使用者之间的尺寸关系。

（3）办公设备与使用者之间的关系。

（4）屏风式隔断的分割、高矮尺寸与使用者之间的需求关系。

4.2 环境心理尺度

环境心理尺度是以环境心理学为依托的环境设计因素。它重视生活于人工环境中人们的心理倾向，从人的心理特征来考虑和研究设计中的环境问题，从而使我们在创造室内人工环境时能更好地实现人与环境的交流融合，做出符合人们心愿的健康、舒适、安全的室内空间。

4.2.1 领域性与人际距离

领域是一个固定的空间或区域，其大小可随时间和生态条件而调整。领域主要包括意识形态或社会活动的范围，如：思想领域、学术领域、生活领域、科学领域等等。人的生活与工作中总是有与其相适应的生理和心理范围与领域，以保持工作或生活不被外界影响。

人际距离是生活和工作中人与人之间的空间距离。美国学者霍尔研究发现，46~61cm 属私人空间，一对恋人可以安然地待在私人空间内，若其他人也处在这一空间内，就会显得很尴尬。研究表明，大多数人在交往时有四种不同距离的划分，即亲密距离、个人距离、社交距离和公众距离。

亲密距离是一个人与最亲近的人相处的距离，为 0~45cm。当陌生人进入这个距离时，会使人在心理上产生强烈的排斥感。

个人距离的范围是 45cm~1m。人们可以在这个范围内亲切交谈，既能清楚地看到对方细微表情的变化，又不致触犯对方的近身空间。

社交距离的范围一般为 1~3.5m。其中 1~2m 通常是人们在社会交往中处理私人事务的距离。比如，银行为了保护客户在输入取款密码时不被他人窥视，就设置了“一米线”。在社交距离中，2~3.5m 通常是商务会谈的距离，因为相互之间除了语言交流，还要有适当的目光接触，否则会被认为是不尊重对方。

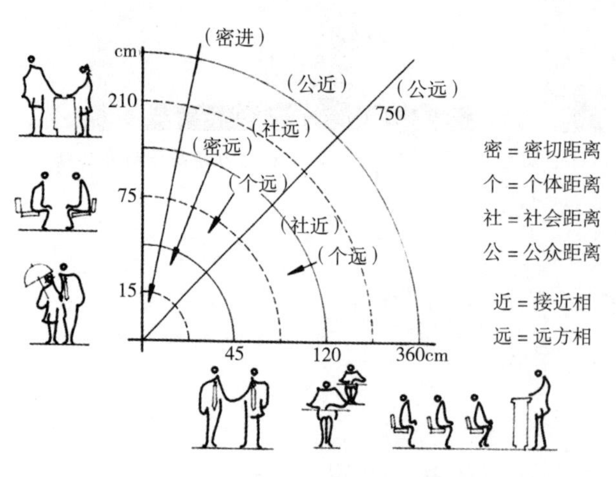

图 4–2–1　人际距离空间的分类

公众距离往往是教师讲课、小型报告会等公众集会时所采用的距离，一般在 3.5~7m。超过这个距离人们就无法用正常的音量进行语言交流了。

人际交往的四种距离只是大致的划分。在不同的文化背景下，把握人际距离的准则会有所差异，但基本规律是相同的（图 4–2–1）。

4.2.2 私密性与尽端趋向

私密性是人们对居住空间功能设计的基本需求之一。私密性强调个人或家庭所处环境具有隔绝外界干扰的作用，并可以按照自己的意愿支配自己所在环境的自由。

在日常生活中，为保护个人空间的私密性，人们总在空间中趋向尽端区域，即私密性越强，尽端区域性越强（图 4–2–2）。

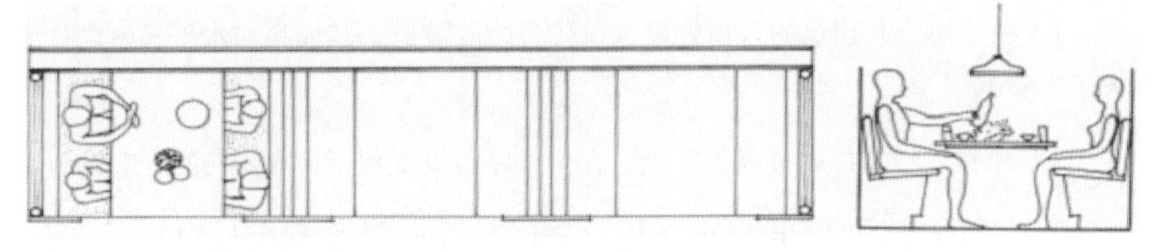

图 4—2—2 餐厅的雅座形成了许多“局部尽端”

4.2.3 从众与趋光心理

从公共场所发生的非常事故中可以观察到，紧急情况时人们往往会盲目跟从人群中领头的急速跑动人的去向，不管去向是否是安全疏散口，这就属于从众心理。同时，人们在室内空间中流动时，还具有从暗处往亮处移动的趋向，即趋光心理。因此，设计者在创造公共场所室内环境时，首先就应注意空间与照明等的导向。标志与文字的引导固然也很重要，但从紧急情况时的从众和趋光的心理与行为来看，对空间、照明、音响等较直观和明亮的因素需予以高度重视。

4.2.4 空间形状的心理感受

形状各异的空间能够给人不同的心理感受。三角形、多灭点的斜向空间常给人以动态和富有变化的心理感受，矩形的空间就可以给人稳定的方向感，不规则的几何形给人以不稳定、变化、不规整的感觉。

4.2.5 环境心理尺度与室内设计

加拿大建筑师阿瑟·埃里克森说过：“环境意识就是一种现代意识。”人是环境的适应者，同时又是环境的创造者。人类在环境中生存，就对环境进行着选择、适应、调节和改造。当人们处于室内环境的包围之中时，人们的思想、情绪和行为等心理要素也同时处在室内环境的影响中。室内环境就是指包围在我们周围的所有环境元素的总和，其构成有：空间的大小；空间的围合元素，比如天花、地板、墙壁等；设备家居元素，比如家具、灯具、五金、装饰物等；空间气氛元素，比如灯光、色彩、温度等。这些元素给人以各种心理和生理上的刺激，同时这些刺激又在大脑中由感觉转化为感情，从而产生精神上的作用。

另外在室内设计中，应考虑在建筑物的出入口、地面、电梯、扶手、公共厕所、浴室、房间等各处场合设置残疾人可使用的相应设施和方便残疾人通行的无障碍设施。尤其是商业建筑，要按面积大小实现不同等级的无障碍设计。建筑面积大于 1 500 m^2 的大中型商业建筑要为残疾人、老年人提供专用停车场、厕所、电梯等设施和空间。在机场、火车站等地，无障碍设施、尺度、服务空间更应完善。

国际通用的无障碍设计标准包括：

（1）在一切公共建筑的入口处设置取代台阶的坡道，其坡高与水平长度之比应不大于 1 ∶ 12。

（2）在盲人经常出入处设置盲道，在十字路口设置利于盲人辨向的音响设施。

（3）门的净空宽度要在 0.8 m 以上，采用旋转门的需另设残疾人入口。

（4）所有建筑物走廊的净空宽度应在 1.3 m 以上。

（5）公厕应设有带扶手的坐式便器，门隔断应做成外开式或推拉式，以保证内部空间便于轮椅进入。

（6）电梯的入口净宽均应在 0.8m 以上。

以环境心理尺度为依据，在室内空间设计中突出人性化原则，以人为本，才能最终使设计达到安全、高效、健康、舒适的目的。

第 5 章　室内色彩设计与材料使用

5.1　室内色彩设计

色彩是不同波长的光波在人眼中引起的不同视觉反映。色彩除了能表现美感外，还能在某种程度上传播信息、表达意念、抒发情感、调节气氛。

色彩是室内环境的重要构成要素之一，色彩设计是室内设计中不可缺少的内容。进行室内色彩设计，首先要了解和掌握色彩的基本理论知识。

5.1.1　基本色彩理论

1. 色彩三要素

色彩具有三个基本特性：色相、明度、彩度。在色彩学上也称为色彩的三大要素或色彩的三属性。

色相：色彩所呈现出来的相貌。色相通常用循环的色相环来表示（图 5–1–1）。常用的为 12 色相环。

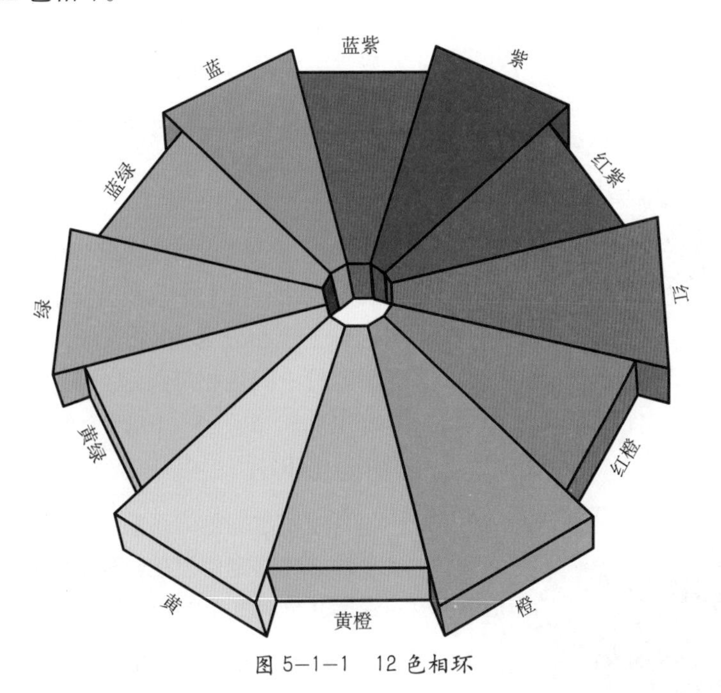

图 5—1—1　12 色相环

明度：色彩的明亮程度。色彩的明度取决于它反射或吸收的光线的多少，黄色明度最高，蓝紫色明度最低，红、绿色为中间明度。明度可以用阶段图来表示（图 5–1–2）。

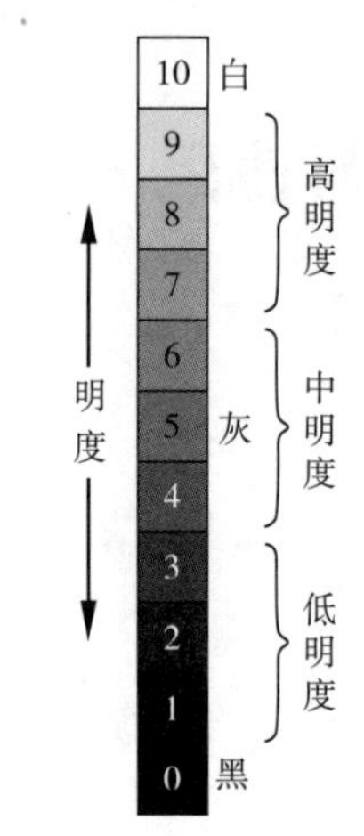

图 5-1-2 明度阶段图

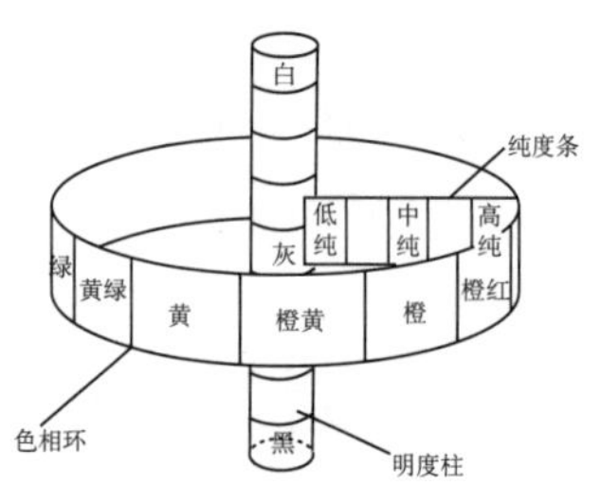

图 5-1-3 色立体

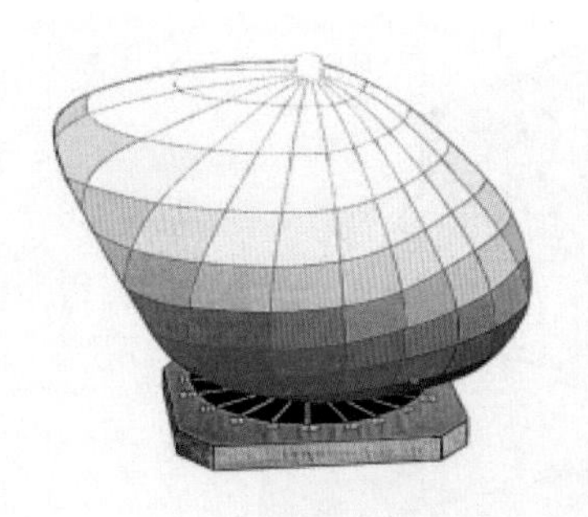

图 5-1-4 孟赛尔标色体系

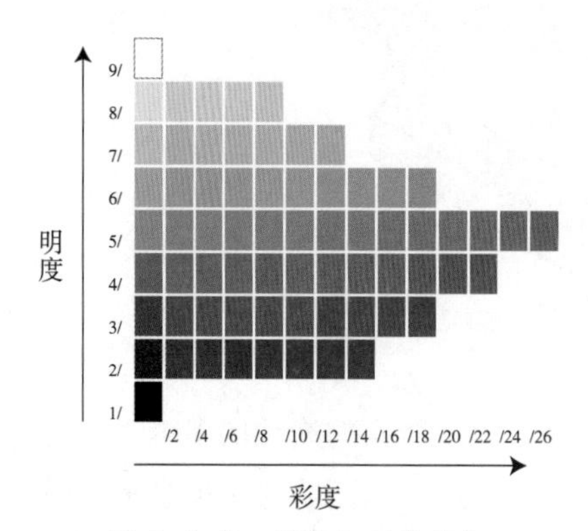

图 5-1-5 明度与彩度变化

彩度：色光波的单纯程度，也称之为艳度、饱和度。它表示颜色中所含有色成分的比例。黑白灰属无彩色系，即没有彩度，任何一种单纯的颜色，加入无彩色系中的任何一色均可降低它的纯度。

色彩的三要素是三个维度，我们可以将其配列成一个立体形状，叫作色立体（图 5-1-3）。色立体能展示出色彩三要素之间的变化规律，可使人们在对色彩的认识、研究、运用、管理等方面，达到科学化、标准化、系统化和简便化的目的。

2. 色彩体系

色彩体系作为标准色标，主要有孟赛尔标色体系、伊登标色体系、奥斯华德标色体系、日本色研所标色体系及 CIE（国际照明委员会）标色体系等。其中在室内色彩设计中最常用的是孟赛尔标色体系。

孟赛尔标色体系（图 5-1-4）是美国色彩学家孟赛尔创造的。

该体系有五个主要色相，为红（R）、黄（Y）、绿（G）、蓝（B）、紫（P），在各色相中间又增加了黄红（YR）、黄绿（GY）、蓝绿（BG）、蓝紫（PB）、红紫（RP）五个色相。以十个色相为基本色相，使用时把每个色相分为 10 个等级，五种主要色相和五种中间色相等级定为 5，将这十个等级分出 2.5、5、7.5、10 四个色阶，最终得到 40 个色相。

孟塞尔标色体系的明度等级划分是将垂直轴的底部定位黑色，顶部定为白色，由黑到白共分为九个等级（图 5-1-5）。

孟赛尔标色体系的彩度是用与无彩色相比颜色的鲜艳度强弱来表示的。把无彩色的彩度设定为 0，从表示无彩色的明度阶段轴到每个色相，颜色鲜艳度越强，彩度值越高。

孟塞尔标色体系中表示彩色的记号是：H.V/C（色相 . 明度 / 彩度）。如红色—5R4/14、黄色—5Y8/12、蓝色—5B4/8 等等。

3. 补色、冷色与暖色

凡两种颜色等量混合后呈现灰黑色，那么这两种颜色即互为补色（图 5–1–6）。所谓补色，就是色相环上相距 120° 的色相，例如绿与红，橙与蓝、黄与紫等色组。补色的调和和搭配可以产生华丽、跳跃、浓郁的审美感觉。

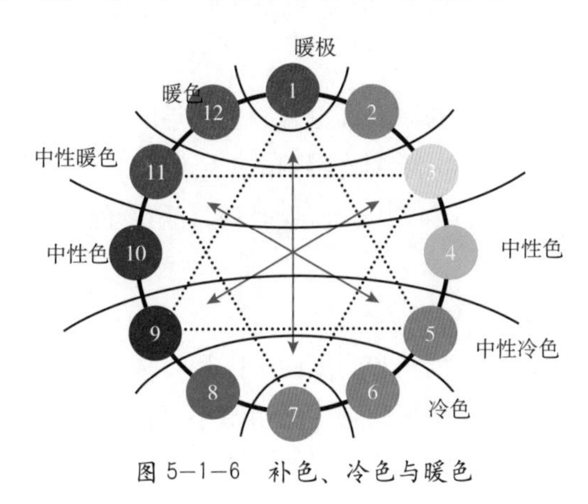

图 5—1—6 补色、冷色与暖色

色相环上，相对的两半分成的两个颜色组，能给人截然相反的心理感受，让人产生色彩与温度感觉的联想。红色、橙色和黄色为暖色；绿色、蓝色和紫色为冷色。而补色总是由一个冷色和一个暖色组成的。

红、橙、黄色常常使人联想到东升的旭日和燃烧的火焰，因此有温暖的感觉；蓝青色使人联想到大海、天空、阴影，因此有寒冷的感觉。色彩的冷暖与明度、纯度也有关系。高明度的色彩一般有冷感，低明度的色彩一般有暖感。高纯度的色一般有暖感，低纯度的色一般有冷感。无彩色中白色有冷感，黑色有暖感。

5.1.2 色彩在室内空间中对人的影响

色彩既能影响整个室内空间的环境形象，也能影响人的生理、心理及身心健康。通过色彩感知涉及产生的主观联想因人而异。在进行室内空间色彩设计时，应注重色彩客观要素，理性把握色彩感觉，从而营造良好的色彩效果。

1. 色彩的象征性

色彩的象征性与人的心理活动有关。人与人之间的阅历、生活环境不一样，心理活动也会相应的有差异。即使是同一个人，在不同的心境下，对客观事物也会做出不同的反应。所以，色彩的象征性没有严格的对应性，只有一个约定俗成的大致范畴。

当色彩明度、彩度稍有改变，其象征性联想就会非常不同。例如：黄色，提高明度能给人以稚嫩感，可一旦彩度降低变为枯黄，马上就会和苍老、腐败、病态等联系起来；紫色提高明度变为粉紫，就有一种明快轻盈的感觉，反而没有了神秘感而变得亲切了；各种非黑白混成的“灰色”由于蕴涵着三色成分，不同于真正的“灰”的冷漠，因而就变成了很有亲和力的色彩了。

2. 色彩的物理效果

（1）色彩的冷暖感

造成冷暖感既有生理直觉的原因，也有心理联想的原因。如果加入色彩的冷暖因素，人们对温度的主观感受可能会与实际相差 3~4℃。因此，寒冷地区或面北少阳光的室内宜用暖色，在炎热地区或阳光充足的房间宜用冷色。

（2）色彩的体量感

体量感的变化主要取决于色相和明度两个因素。暖色和明度高的色彩使物体显得宏大而有扩张感，而冷色和暗色的物体显得窄小而紧致。在室内设计中，常利用色彩的体量感来改善空间和构件的某种欠缺，以求得视觉的平衡。如图 5–1–7 所示，深色的天花与浅色的地面配合，就使原本空间过高的餐厅显得尺度恰当了。

（3）色彩的距离感

色彩可使人感觉出物体凹凸、远近的不同。色相是影响距离感的主要因素，其次是彩度和明度。一般暖色和高明度的色彩具有拉近的效果，而冷色和低明度的色彩则效果相反。在室内设计中常利用色彩的这种效果，来改善空间的大小和高低感觉。如图 5–1–8 所示，在最内面墙壁设上的冷色，使房间增加了深度感。

图 5–1–7　颜色的重量感

图 5–1–8　颜色的距离感

3. 色彩的心理效果

色彩引发的具有共性的心理效果大致可以有以下几种：

兴奋和镇静：通常暖色易使人兴奋，冷色使人镇静。相对而言，明度和彩度高的颜色也易使人兴奋。同时，几种色相、明度、彩度的对比很强烈的颜色并置，也易使人产生兴奋感。

轻快与凝重：一般明度高的颜色有轻快感。但若明度相同，一般彩度高的色彩要明快些。若明度和彩度相同，则冷色要感到轻快些。

华丽与素雅：色相变化多、彩度高而明快的配色，能给人以华美和富丽堂皇的感觉，反之色相单调和彩度低的配色，能给人素雅的感觉。金银色也是华丽的，但其中若加入黑色，就能在华丽中又显出素雅来。

开朗与沉郁：明度高、暖色、纯度高的色彩显得活泼，而蓝、紫等纯度和明度都不高的冷色就显得沉郁。

5.1.3 室内色彩配置模式

室内色彩配置只要能赏心悦目，给人以舒适宜人的感觉，就是成功的配置。世上没有丑陋的颜色，只有使用不当的颜色。当一种颜色与其他颜色混合搭配，或与其他颜色毗邻放置时，颜色就会发生特性上的变化。以下是三种已被证明比较成功的配置模式。

1. 自然本色配置

保留所有材料自身的颜色通常会使配色产生和谐而令人愉快的效果。每一种材料，不管是砖、石材，还是木材、石膏等都有自身在生长或加工过程中产生的颜色。只要不用着色剂、涂料来改变它，它就会呈现出自身的本色来（图 5–1–9）。这种配色方案只要让自然材料在视觉上占主导位置就可以了。

在实践中，自然材料的色彩基本上都是中性色，如灰色的石材、棕褐色的木材、红色或青色的砖瓦。这些色彩中没有刺眼、冲突的对比色，所以处理起来比较安全。虽然自然色的变化范围比较小，但它并不会显得单调。因为它接近于自然界中的色彩变化，对任何人都具有吸引力。

引用一些鲜艳的颜色作为点缀是自然配色方案中常见的装饰手法。比如花色的靠垫、华丽的装饰织物或者小面积的单色涂料和瓷砖。

图 5–1–9　自然本色配置模式

2. 全灰色配置

这种方法有时也叫灰色附加配色，它与自然配色方案有着许多共同之处，但是少了色彩与材料之间的关联（图 5–1–10）。这是一种同类色或近似色的配色计划。在孟塞尔色立体上灰色是接近明度轴位置的颜色，通常被认为是安全的不易与其他颜色发生冲突的，适用于任何环境。

图 5—1—10　全灰色配置模式

灰色附加配色就是在全灰色配色的基础上加上小面积的鲜艳色彩，通常采用的是添加一个或多个原色。这种配色方案可以使你在需要强调的地方采用任何鲜艳的色彩而不致出错。在灰色附加配色方案中采用绿色植物作为强调色的来源也是一种常被用到的方法。

全灰色配色适用于那些色彩来源不限于室内基本色彩的空间，比如博物馆或画廊。在这类空间中，灰色调的环境更能衬托出所展示的作品。全灰色配色同样适用于餐厅，在那里桌上的摆设和用餐者的服饰都能为整体环境提供不同的色彩。

3. 色彩的功能配置

色彩的功能配色是在室内色彩设计中最普遍的方法。这种方法是建立在对室内色彩功能分析的基础上形成的。也就是说，所有色调都用来增强或弥补气候或空间等环境因素的缺陷。通过合理的配色，可以改变不同形式的空间，比如让小空间看起来更大，使不规则的空间更规则。不同的色彩也可以强调或削弱室内不同元素的视觉感受。同时，还可以通过选择不同的色彩来传达各种信息或表达特殊观点（图 5–1–11）。比如白色墙壁上安装白色的门就会使门看上去像消失了一样，而红色的门就能引人注目并暗示它的重要性。

图 5-1-11　功能配置模式——通过颜色的对比来突出展品

一般来说，根据功能要求配色的方法鼓励对色彩元素的自由运用，因为它对色彩选择的要求很单一，并且可以与其他的色彩配色方案交织在一起。这种配色方法尤其符合现代设计观念——所有设计都应首先满足功能的需要。

5.1.4　不同空间的色彩设计

1. 居住空间色彩设计

（1）客厅

客厅是家庭活动的中心，是住宅装饰的重点。因而客厅的色彩设计在住宅装饰中尤为重要。通常客厅应色彩亮丽、层次丰富。同时，确定客厅色调时还应考虑空间的大小。一般小空间客厅的色调以淡雅为宜，常用高明度色彩，大空间的客厅可选择中性色或低明度色（图 5-1-12）。

图 5-1-12　客厅

（2）卧室

卧室是睡眠、休息的地方，要求舒适、宁静、温馨。一般卧室的设计采用柔和、偏暖的色调，低彩度或中高明度的任何色系都是适宜的色彩（图 5-1-13）。不过，卧室是住宅中非常个性的空间，色调常常因使用者的喜好而异。如：青年人追求时尚、新鲜，他们的卧室多采用中高彩度色系；老年人推崇古典、稳重，他们的卧室宜使用中低明度色系；儿童的卧室则多选用高彩度的多色组合，以此增加对儿童的吸引力。

（3）餐厅和厨房

餐厅和厨房多为中小面积房间，色彩宜用明度高的暖色和明快的色调，以达到扩大空间感的效果。餐厅中家具的色彩可以相对活跃，通常采用与整体色对比的色彩。餐厅的色彩设计应满足进餐和提高食欲的要求，并且有一定的卫生、清洁的象征性，所以餐厅色彩多以黄色、橙色和白色系为主（图 5-1-14）。

图 5-1-13　卧室色彩

图 5-1-14　餐厅色彩

2. 公共建筑室内色彩的运用

设计师们做了大量的研究工作来寻找适合不同功能空间的最佳的色彩方案，但是到目前为止依然没有确定的结论，因为色彩与其他不定因素之间的相互影响很复杂，也无法建立一个固定的标准。各项研究表明，空间的尺度、形状、使用周期、各地气候、风俗等等这些因素最终会导致许多研究结果相互矛盾。但从中还是可以找出许多有关于不同空间色彩配置的普遍性规律。

（1）办公空间色彩

由于人们在办公室的工作时间较长，所以办公室的颜色应该能给使用者以帮助。现代办公室的色彩非常丰富，一般会在大面积上使用让人感觉安静的色调，在小面积上使用相对活泼一些的颜色。工作面上要采用足够亮的色调以减小桌面与工作材料之间的对比，而地面的颜色不能太深，以免与工作材料和桌面产生过度的亮度对比。红色、黄色、紫色这些强烈的色彩最好限制在使用时间短的、次要的地方，如走道或接待区。中性色更适合工作区域，冷色能使人专心，而暖色更适合活动性的环境(图5-1-15)。

图 5-1-15　办公空间色彩的运用

办公室的功用和在此工作的工作人员会因时间的阶段变化而改变，所以过分个人化或特殊化的色彩即使在私人办公室里也是不太适宜的。

（2）餐饮空间色彩设计

餐饮空间在色彩的选择上一般倾向于红色、黄色等暖色调，若其中再加以乳白色，就可使色调更为明朗、活泼。黄、橙色是欢快、喜悦的象征色彩，且易使人产生水果成熟的味觉联想，激发人的食欲，是当今餐饮业最常用的颜色（图5-1-16）。快餐厅的用色一般选用高明度、高彩度的色彩组合。当然想要创造具有独特品味的餐厅环境，也可突破常规用色，采用个性的色彩处理手法。

餐厅小包间的用色比较灵活、丰富，设计中应根据包间的空间大小、风格特点及业务要求决定。各类风味餐厅的室内色彩具有各自的具体要求，设计中应更多考虑如何运用色彩表现出风味餐厅的特点。各类连锁餐厅有各自专用的CI（企业标志）色彩，如肯德基、麦当劳等，设计时需要准确地运用他们的标准色彩。

图 5-1-16　餐饮空间色彩运用

图 5-1-17　宾馆空间色彩运用

（3）宾馆空间色彩设计

宾馆服务空间包括宾馆、汽车旅馆、度假胜地、酒店等等。其室内色彩和设计风格通常会受到当地文化和气候的影响。接待区、客房大多会选用奢华的颜色和图案，以此来营造端庄、华美的风格和亲切迎宾的气氛（图5-1-17）。酒店多采用红色和橘色等暖色系的颜色，因为它们最能刺激人的食欲，而且能烘托美食的色香味。商务房、会议室的风格一般以简洁、明快、庄重为好，色彩选择大都以高明度、低彩度的色彩组合为主。公共交通设施包括门厅、过厅、电梯厅等，大多采用高明度、低彩度的色彩组合。

（4）医疗空间色彩设计

医疗空间包括医院、医生办公室、门诊部和老年人保健机构等等。过去医疗机构总是白色或灰白色，到处都是坚硬的材质，给人一种死气沉沉、毫无生气的感觉。今天，人们通过研究得知，不同明度的柔和色和中性色，或深或浅，都能改善治疗效果。而且，现代医疗机构经常在医疗空间中加入一些暖性元素，如地毯、木制用品或者隔断和墙面选用防火材料或墙纸，这就为常被恐慌疑惑困扰的人们提供一个人情味浓厚、处处充满爱心的环境（图 5–1–18）。

（5）商业空间色彩设计

商业空间色彩设计的目的是诱惑顾客购买商品和服务。能对人产生刺激和催促作用，令人感觉温暖、快乐的颜色常用于大型商厦和购物中心。零售商店常利用绚丽的霓虹灯般的颜色吸引年轻顾客。精致的深色调和中性色，配以纯色的底色，加上抛光的木质和金属，能使商业空间显出一种高档富丽的气质（图 5–1–19）。白色、中性色和灰色系可以为多姿多彩的商品提供一个展示平台。

图 5–1–18　医疗空间色彩运用

图 5–1–19　零售商业空间色彩运用

（6）生产厂房色彩设计

生产厂房常常因为堆满各种机器、设备和材料而显得混乱，采用一定的冷色调能减轻因混乱而引起的疲劳和烦躁，提高工作的效率性和安全性。采用不同亮度的对比色可以保证所使用的工具和材料能从背景中分离出来，但是过度的对比易造成视觉疲劳。有光泽表面的材质不宜使用，会产生眩光。明亮和愉悦的色彩能减轻视觉疲劳，可以有目的地安排在一定区域内。在高温环境里，大面积的蓝色和绿色可以使人感觉凉爽一些。同时，绿色还可减缓噪声对人的情绪产生的不良影响。机械的危险部件或者有潜在危险的区域要用醒目的颜色标示出来，这样能提高工厂的安全系数（图 5–1–20）。

图 5–1–20　生产厂房色彩运用

5.2 室内装饰材料及使用

室内装饰材料和室内设计师如同音符与音乐家的关系，室内设计师不仅要熟悉材料的性能、外观特点，了解怎样用材料弥补建筑结构空间的不足，还要了解材料的施工工艺和市场价格。从古至今材料的运用就是室内空间设计的主要手段之一，不仅实现了对空间环境的支撑、围合和分隔的功能需求，还实现了空间的风格与审美需求。

随着历史的变化，社会的发展，室内装饰材料也在不断更新换代。材料决定设计风格，是不同设计师对材料作用的理解，所以，很多设计师运用相同的特效材料会体现不同的设计风格。

5.2.1 不同界面的功能特点与材料的基本要求

（1）底界面：耐磨、防滑、易清洁、防静电。

（2）侧界面：挡视线、隔声、吸声、保暖、隔热。

（3）顶界面：质轻、光反射率高、隔声、吸声、保暖、隔热（表 5–1）。

表 5–1 各类界面的基本功能要求

界面	使用期限及耐久性	耐燃及防火性能	无毒不发散有害气体	核定允许的放射剂量	易于施工安装或加工便于更新	自重轻	耐磨防腐蚀	防滑	易清洁	隔热保暖	隔声吸声	防潮防水	光反射率
底面（楼、地面）	●	●	●	●	●	○	●	●	●	●	●	●	
侧面（隔断、墙面）	○	●	●	●	●	○	○		○	●	●	○	○
顶面（平顶、天棚）	○	●	●	●	●	●				●	●	○	●

注：●要求较高；○要求一般。

5.2.2 材料类型与表情特征

设计师应尊重材料，善于展现材料的特点，学会运用材料的情感特征，将适合的材料使用在适合的地方。例如 Hoteles Silken（希尔肯连锁酒店）在西班牙马德里建造的普尔塔美国酒店融合了多位艺术家、建筑师以及设计师的创造，打造出了前所未见的全新空间体验。原创、奢华、新颖以及形式上的自由正是这个酒店赖以唤起客人各种感知的有力武器。大师们利用不同的材料、采取不同的形状、色彩营造出了最前卫的室内空间氛围（图 5–2–1）。

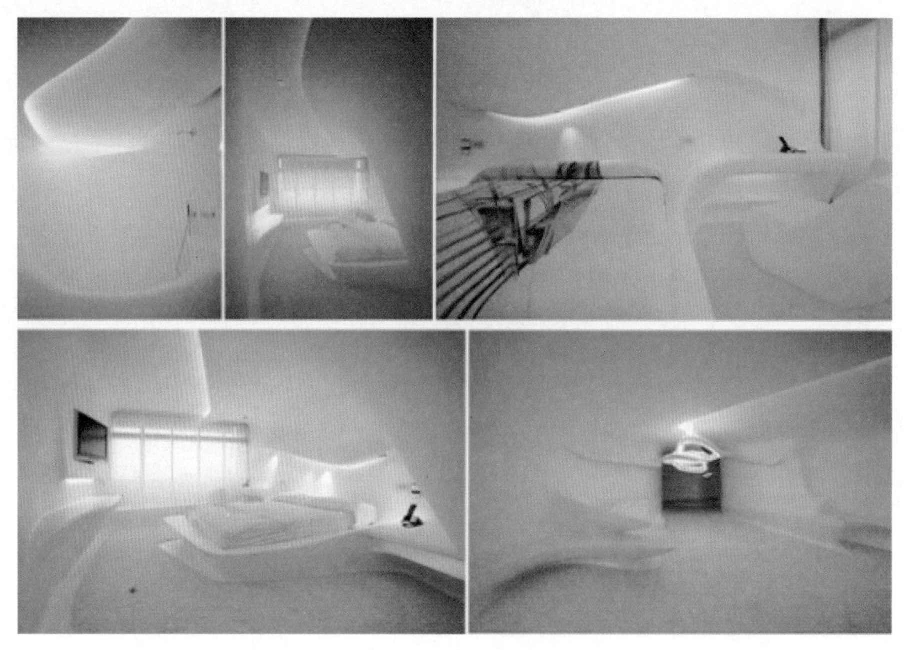

图 5-2-1　普尔塔美国酒店（室内）

1. 室内空间材料类型

（1）结构材料

结构材料是建筑主体的构筑物，建筑主体主要包括梁、柱、墙体、楼板等等。

（2）功能材料

功能材料主要是指实现一定功能需求的材料，包括防水防火材料、吸音隔音材料、采光材料、保温材料、绝热材料等等。

（3）装饰材料

装饰材料依附于其他材料，可增加空间的色彩和构成感，使空间更加丰富多彩。如地面常用装饰材料有木地板、地毯、地砖、天然石材、塑料地板等，墙面常用装饰材料有涂料、墙纸、壁布、人造板（密度板）、石材、皮革等，天花常用装饰材料有石膏板、铝扣板等，配套设备有家具陈设、灯具、卫生洁具、厨房设备、电器等。

2. 材料的表情特征及使用特点

室内设计中材料具有丰富的表情特征及使用特点，对材料性能的认识，有助于设计师把握设计的内涵。材料的质感是通过人的视觉、触觉、味觉产生的一种直观印象，不同的材料使用特点不同，给人的感受也不同。

（1）木材材料

木材的加工使用早在六七千年前就出现了，木材的使用几乎贯穿了人类的建筑历史。木材虽有易燃、易腐烂、易裂变、易遭虫蛀等局限性，但这些局限性并没有掩盖它得天独厚的优良特征。木材的资源丰富、运用广泛、可塑性最强，是当今主要的装饰材料之一。

木材外观自然、美观，给人以亲切感。不同的树种具有不同的色泽和纹理，当然也可以通过现代技术改变它们本身的色彩和纹理。木材可当绝缘材料使用，也能起到吸音、吸热等作用。据统计，木材和木材加工产品的在室内设计中的用量达到50%~80%，墙面、地面、天花的龙骨、面层及绝大部分家具等处的装饰都离不开木材。

木材按市场上的出售情况分为三类：天然材料、人造材料、集成材料。

天然材料：天然木制品，没有经过黏结技术等处理的木材（图 5–2–2）。

图 5–2–2　赖特筑居图、加拿大文化博物馆

人造材料：天然木材生长周期长，为减少树木的砍伐，保护资源，人们充分合理地利用木材加工过程中产生的边角余料以及小径材料，依靠先进的加工机器和黏结技术生产出了大量人造材料。如胶合板、细木板、纤维板、抛光版、空心板等等（图 5–2–3）。

图 5–2–3　湖北省艺术馆 1

集成材料：集成板稳定性较高，是用小块木材拼接成的大尺度木板。多用于地板、门、家具等处（图 5–2–4、5–2–5）。

图 5–2–4　阿联酋私家别墅 1

图 5–2–5　卧房内设计图

（2）石材材料

石材是最古老的材料之一，如我国传统建筑中的石窟，埃及的金字塔，古希腊的雅典卫城，古罗马的角斗场等，都是用石材建成的。石材具有厚重、华美、冷静的表情特征，以及坚固耐用、防水耐腐性强等诸多优点，是设计中的主体用材之一。

石材可分为两类：天然石材、人造石材。

天然石材：天然石材是从天然岩体中开采出来的块状荒料，经锯切、磨光等工序加工成的装饰材料。大理石、花岗岩、页岩、鹅卵石是建筑装饰工程中最为常见的几种石材（图 5-2-6、5-2-7）。

图 5-2-6　克拉科夫当代艺术博物馆

图 5-2-7　阿联酋私家别墅 2

人造石材：1948 年，意大利就已成功研制出水泥板。1958 年，美国开始制造人造大理石，20 世纪 70 年代末我国开始引进此项技术。这些材料都是对非天然石材进行加工，用以仿制天然石材的效果，所以称为人造石材。聚酯型人造石材、水磨石板材是建筑装饰工程中最为常见的人造石材（图 5-2-8、5-2-9）。

图 5-2-8　朗廷酒店

图 5-2-9　路易莎罗马街专卖店

（3）陶瓷材料

陶瓷是一种历史悠久的材料，从远古时期起，陶就被当作墙面基本装饰材料或房瓦使用。现今陶瓷砖已是室内空间中不可缺少的材料，主要用于铺设建筑物内外墙面、地面。它的形状、尺寸、质地、色彩变化多样，可与各种设计相配合。现有的陶瓷砖主要有以下几种：

缸砖：专用于铺地，耐磨、耐冲击、吸水性弱，色彩呈红、黄、蓝、绿等各种颜色（图5-2-10、5-2-11）。

图 5-2-10　华盛顿国家艺术馆东馆

图 5-2-11　美国波多黎各会议中心

釉面砖：主要用于建筑物的内外墙面、地面的铺装。此砖表面烧有釉层，可封住陶瓷胚体的孔隙，提高防污效果（图 5-2-12、5-2-13）。

图 5-2-12　意大利风格住宅设计

图 5-2-13　室内设计图

通体砖：通体砖抛光后会变成抛光砖，此砖硬度高，图案长期磨损也不会脱落，但容易渗入污染物，主要使用于人流量较大的商场、酒店等公共场所（图 5-2-14）。

图 5-2-14　日本建筑大师黑川纪章作品

玻化砖：通过高温烧结，使砖具有高硬度、超耐磨的特性，是一种全瓷化不上釉的高级铺地砖（图 5-2-15）。

图 5–2–15　湖北省艺术馆 2

陶瓷马赛克：分为陶瓷马赛克和玻璃马赛克两种。马赛克色彩丰富、形状小，可利用镶嵌技术拼成各种图案、花色（图 5–2–16）。

图 5–2–16　陶瓷马赛克

劈离砖：这种砖在高温烧制成形时双砖的砖背相连，烧成后再劈成两块，故称为劈离砖。这种砖色彩丰富、质感多样，表面可不上釉，常用于建筑物的内外墙面、地面和踏步的铺贴（图 5–2–17）。

图 5-2-17　温泉屋

（4）玻璃材料

早在 1 000 多年前，拜占庭教堂就已经开始使用玻璃制成马赛克铺装墙面了。玻璃不仅可以制成工艺品，更是改善建筑采光的重要材料。它是一种坚硬、质地脆的透明或半透明材料，透光性好，还具有隔热、隔音的作用。玻璃可以分为平板玻璃、玻璃砖、安全玻璃和玻璃马赛克等等。

平板玻璃：包括透明玻璃、毛玻璃、压花玻璃、彩色玻璃、镀膜玻璃、吸热玻璃、中空玻璃等等（图 5-2-18）。

图 5-2-18　湖北省艺术馆

玻璃砖：分为实心和空心两种，不仅隔热、隔声、耐火、防水，更可以像砖墙那样用石灰砌筑，常用于酒店、浴室、办公等公共空间（图 5-2-19）。

图 5-2-19　玻璃砖

安全玻璃：主要包括钢化玻璃、夹丝玻璃、夹层玻璃（图 5-2-20）。

图 5-2-20　广州市歌剧院 1

（5）织物材料

织物材料以纤维为主原料，有机械织物和手工织物两种。缺点是易燃烧，优点是色彩、图案、质地多样化，可用于装饰室内空间的墙面、地面或制成窗帘、家具蒙面、床品等装饰品或功能用品。织物材料不仅可分隔空间，更能改变空间层次，渲染环境气氛。织物材料由来已久，从宫廷到民间都用它划分空间层次，装饰墙面、窗户等。（图 5-2-21）

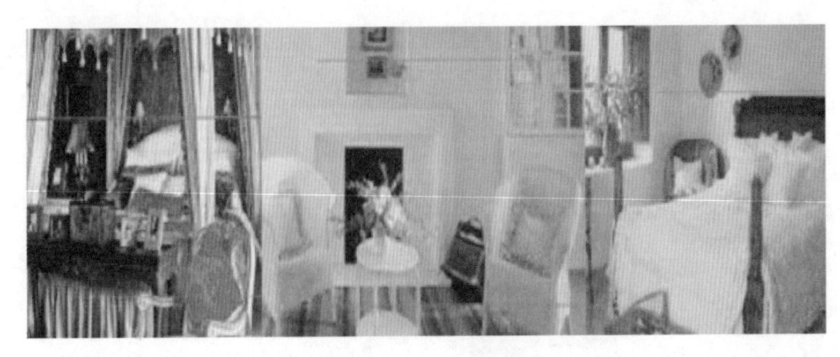

图 5-2-21　织物材料

（6）塑料材料

塑料材料可分为三类，防火板、覆塑装饰板（以塑料贴面板或塑料薄膜为面层，贴在木材、金属等基材板上制成，如千思板）、阳关板（图 5–2–22）。

20 世纪 30 年代时，塑料就已成为建筑材料中的一类，主要用于制成插座、开关等绝缘体材料。随着石油化工业的发展，塑料几乎覆盖了整个建筑，正逐步成为传统木材、金属等材料的代替品。

图 5–2–22　河岸运输博物馆

（7）金属材料

人类使用金属已有上千年的历史，如帕克斯顿设计的水晶宫、艾菲尔设计的埃菲尔铁塔等都是金属材料设计的代表作。金属具有可塑性强、延展性好，还有通过加工可制成任意形态和外观的独特性。金属分黑色金属材料（图 5–2–23）和有色金属材料（图 5–2–24）两种。

图 5–2–23　不锈钢建筑、伦敦都市大学研究中心

图 5-2-24　奥地利萨尔茨堡汽车小屋

（8）涂料材料

涂料用于建筑室内室外。可根据不同的涂布形成不同的效果，比如立体的、多色互套的、花纹图案的、凸凹变化的（图 5-2-25）。涂料不仅形态变化多、色彩丰富，光泽度也可根据需要做成亮光、有光、半光、丝光和无光等等（图 5-2-26、图 5-2-27）。

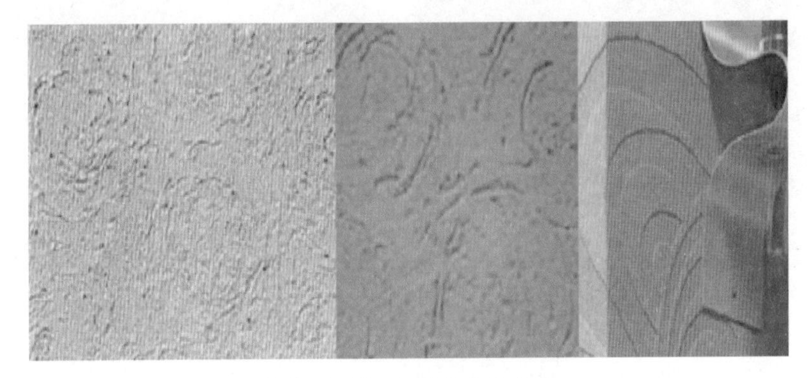
图 5-2-25　涂料的各种效果

图 5-2-26　餐厅涂料的变化

图 5-2-27　荷兰表演艺术中心

5.2.3 室内材料组织与肌理效果

1. 材料组织原则

协调性：材料之间的共性是协调性的前提，几种材料中只要色彩、质感、质地、光泽等任意一项具有相同处，在设计中便可以搭配使用，产生协调统一的效果（图 5-2-28）。

秩序性：材料的秩序性和色彩的秩序性是一致的，就是用几种材料建立起一定的秩序关系。最简单的方法是将所用的材料按一定的方向或一定的顺序排列，这就形成秩序的基本原则（图 5-2-28）。

对比性：为了达到美观的视觉效果，通常在设计中会运用材料质感、色彩等的对比，使空间更具有构成感和个人特色（图 5-2-29）。

图 5-2-28　广州市歌剧院 2

图 5-2-29　卫生间设计作品

2. 材料组织方式

粗质材料组合：粗质材料能在室内空间中给人以强烈的冲击力，表现出刚毅、粗犷、豪放的个人特色。

细质材料组合：细质材料质感弱，无表面质地，在设计上，主要是加强材料本身的色彩对比，使得空间层次丰富，从而表现出空间内涵（图 5-2-30）。

不同质感的材料组合：不同质感、不同肌理的材料组合，可形成强烈的视觉冲击力，创造出生动的空间环境效果（图 5-2-31）。

图 5-2-30 广州市歌剧院 3

图 5-2-31 室内窗户设计

同类型材料不同的排列组合：相同的材料按不同的排列方式，可产生不同的空间效果（图 5-2-32）。

图 5-2-32 广州市歌剧院 4

3. 材料肌理效果

很多材料本身具有自然的肌理效果，比如水平的、斜纹的、曲折的等。这些肌理效果与环境造型密不可分，使用不同的制作材料，会产生不同的效果。因此，肌理在设计中应与形体、色彩统一，表现出质感的对比，使得空间环境更丰富。

肌理划分有粗、中、细三种。较粗的肌理具有粗犷、豪放的特性和端庄、稳重的表情特征。适中的肌理性格柔和，表情特征丰富而易亲近。较细的肌理具有细腻的特征和精致、华美的表情。环境空间一般不会由单一材料构成，肌理不同的材料调和、对比，可以产生各种不同的气氛效果。肌理的运用在环境设计中是非常丰富的。

第 6 章　室内陈设与绿化设计

6.1　室内陈设设计

室内陈设设计是室内空间环境设计的重要组成部分。只要存在室内环境，就会有室内陈设，在某种特殊的情况下，甚至会形成以室内陈设艺术为主的室内环境。如果能认识到陈设品的作用并在室内空间设计中将其发挥出来，必将创造出更加丰富多彩的人性空间。

6.1.1　室内陈设设计的含义

所谓“陈设设计”，有两层具体的含义。首先，陈设是“软”的，所谓“软”，是相对于其他硬质装修材料而言的。在一般的室内空间设计中，人们往往首先注重的是室内空间的硬装饰部分，如空间的结构、格局的划分、天花、地面、墙面的装饰等等。而对家具、灯具、窗帘等配套陈设装饰的选择却较忽视，更谈不上实施系统的室内配套陈设设计了。其次，室内陈设品与人之间能够建立的一种“对话”关系。由于陈设品具有独特的材质、形状和纹理，因而天生就具备了与硬装饰相比更容易与人产生“对话”的条件。这些条件依托人的视觉、触觉等生理和心理的感受而存在。在室内空间环境设计中，合理运用“软装饰”，能创造出温馨、惬意的室内环境和各种舒适宜人的情调空间。

“陈设”二字，有排列、布置、安排、展示、设置和摆放之意。在现代环境艺术设计中，陈设泛指建筑室内空间中除固定于墙、地、顶及建筑上的构件、设备以外的一切实用与可供欣赏的陈设物品。

由此，我们把室内陈设设计定义为：在室内空间设计过程中，设计者根据空间环境特点、功能、审美、使用对象需求及工艺特色等要素，合理运用室内可移动的陈设物品，营造出舒适、和谐、高艺术品位的环境设计，从而给人以美的享受和熏陶。

6.1.2　室内陈设设计的作用

室内陈设设计在现代室内空间设计中的主要作用体现在如下六个方面。

1. 加强空间内涵

室内设计是通过空间中相对固定的墙、柱、顶、地面、门窗等室内空间元素来体现空间的内涵。虽然在一些空间中这种形态已经相当明确，不过通过陈设艺术设计，还是可以在室内设计的基础上更加强化和突出空间的内涵。尤其在当前越来越流行轻装修重装饰的趋势下，室内设计变得越来越同质化，这时，室内陈设设计就变得更人性且有市场了。同时，用不同的陈设设计赋予室内空间新的内涵，也就成为了室内陈设设计最主要的一个作用。

2. 强化室内环境风格

大多数的室内环境设计创作已经有了一个大致的设计风格目标，但整体的设计在一些硬质的空间中可能表现不一定充分，这时若在室内陈设设计环节加强原设计风格的效果，就能提高室内风格的视觉认知度。

3. 柔化室内空间

一般来说，空间在视觉和心理上的生硬感，来源于空间中大量的直线条、平整单调的界面、生硬的转角以及“冰冷”的硬质材料等等。设计中虽然可以通过设计手法来掩饰这些缺陷，不过还是很难达到空间的丰富性与人性化的要求。这时，陈设品就能起到一个柔化空间的作用。因为，室内陈设物品的造型形态多变而不规则，材质多样而细腻，绿色植物姿态万千，是打破僵硬墙面直线的重要因素。

4. 调节室内色彩环境

室内空间有时受设计手法及材料的局限及其本身作为背景的考虑，设计多以白色为主，或以两三种色彩为主色调，容易使人感到色彩单调。但室内陈设品的颜色可以多种多样，比如织物色彩繁多，价格相对便宜，可以起到补充色彩的作用。

5. 反映民族特性

每一个地域、每一个民族都有自己特定的文化背景和风俗习惯，也因此形成了不同的地方特色和民族风格。在室内设计已经趋向国际化、都市化的现状下，室内陈设物品的民族特征还没有太大改变，这与不同国家、民族的生活习俗有关。所以室内陈设设计要充分反映民族特征。

6. 展现居住者个性，陶冶情操

居住环境往往可以真实地反映出人们的性格爱好、修养品味和职业特点等等。对陈设物品的选择也和居住者自己的生活品位、审美境界有着很密切的联系。通过室内陈设的布置、使用或保养，能够让居住者到达修身养性，陶冶情操的目的。

6.1.3 室内陈设的种类

按照陈设品的性质类型，可以分为两大类：一是实用性陈设品，如家具、灯具、器皿、织物等；二是装饰性的陈设品，包括艺术品、高档工艺品等。

1. 实用性陈设品

（1）家具

家具的选择和布置是室内陈设中非常重要的内容。家具的摆设可以基本奠定房间的装饰基调。从使用功能上，家具可分为：坐具、桌案、储物、卧具和装饰五大类别。

①坐具类。坐具是指带有一个被支起的平面，距地约为 450mm 并供人席坐的家具的总称。坐具在中国家具发展史中是一个逐渐演化的类别，它是在隋唐以后逐渐发展起来的家具形式。由于坐具种类繁多，款式造型丰富，因此已成为现代家具设计中引领时尚潮流的主角和标志，是技术含量最高的家具形式。由于东西方文化的差异，坐具有着不同的发展体系，特别是以沙发为代表的西方家具，在现代家具设计中占有重要的地位，现在已成为了室内家具布置的主角（图 6-1-1）。

图 6—1—1　现代座椅设计与人的生活习惯和交往需求

②桌案类。桌子是继“几”和“案”之后，伴随着椅凳的出现而产生的。在中国古代，因人们席地而坐，案和几曾行使着桌子的功能。

桌子，高度约为 720mm，具有明确的使用功能，满足人们伏案作息的行为模式需求，如阅读、习字、饮食等，通常必须和配套的椅凳家具搭配使用。同时它也是各种陈设物的载体。

③储物类。具有储藏和陈列物品功能的家具统称储物类家具，由橱柜类和柜架类构成。通常人们把带有抽屉的家具视为橱，加上门扇的叫作柜。有些橱柜除储藏功能外，更具有空间陈设作用，如书架、博古架、装饰架等等。

④卧具类。在中国古代，家具是以床为中心的，床在座椅出现之前，既是卧具又是坐具，只是到了唐朝以后，床才与坐具分道扬镳。在现代社会，床的样式越来越简洁单纯，传统的架子床、跋步床、罗汉床等较为繁复的卧具逐渐消失，这说明现代的室内空间已经摆脱了以卧室、卧具为中心的生活观念。

⑤装饰类。装饰类家具主要指装饰性强的一些家具，如屏风、花几、博古架，还有一些专门用来陈列的案几等。

我国古代就有屏风这种形态的家具了，在现代，它也是室内设计师常用的一种装饰手法。屏风在室内的功能上起到分隔、掩蔽、背衬作用，其本身就是一种陈设式艺术品。屏风有单独的插屏和自由联系起来的折屏，在空间中可以很好地反映出中式家具的传统风格。

（2）织物用品

在现代室内设计中，织物使用的多少，已经成为衡量室内装饰水平的重要标志之一。织物具有柔软的特性，触感舒适，能相当有效地增加舒适感。加之织物在室内的覆盖面积大，所以能对室内的气氛、格调和意境产生很大作用。

织物可以根据四季的不同而选择不同的材质，以调整四季带来的视觉温差。织物花色繁多，有棉、麻、丝、化纤等材料上的差别；有图案、颜色等形式上的差别；有清雅、粗犷、民俗等风格上的差别；有厚实、凝重、轻柔、朦胧等质感上的差别。因而，织物的不同选择和搭配会带来不同的视觉感受。

织物用品的种类很多，常用的主要有窗帘、地毯、靠垫、床上布艺等等。

①窗帘。窗帘在室内的装饰作用十分明显，多数室内空间都需要有窗帘的装饰和配置。窗帘的形式多种多样，有垂幔、挽结、平拉、掀帘、楣窗、上下开启等式样。平拉式平衡匀称，掀帘式柔和优美，楣窗式华贵脱俗。通常，小房间的窗帘应以式样简洁为宜，以免使空间因为窗帘的繁杂而显得更加窄小。而对大居室，则宜采用比较大方、气派、精致的式样。

窗帘的质感和厚薄，大体可分为纱、绸、呢三种。其中用得最多的是纱帘和布帘。纱帘可以增加室内轻柔、飘逸的气氛，透过它看到的室外景色也朦胧含蓄、意味无穷。同时，纱帘的透光性好，所以悬挂这种窗帘对室内照度影响不大，但光线却柔和得多，使室内气氛亲切温馨。布帘的遮光性较好，又能够遮蔽视线，因而可以满足私密性的要求（图 6-1-2）。

图 6–1–2 造型多样的窗帘

②地毯。地毯作为室内装饰材料，不仅具有脚感舒适、防止滑跌、吸音隔音等作用，而且具有高雅的装饰效果。传统的地毯可以配合不同设计风格的室内空间，使空间显得沉稳。现代地毯色彩鲜艳，图案繁多，对营造和提升现代室内空间起着很重要的作用。作为室内陈设物所指的地毯不是满铺的地毯，而是指在室内局部铺设的，具有限定空间功能的地毯。

③靠垫。靠垫也称为抱枕，是座椅、沙发及床具的附属品，它既可以弥补某些家具在使用功能上的不足，增加人们的舒适度，同时又起着点缀装饰作用。如果室内色彩比较单调，安放几个颜色鲜艳的靠垫，立刻会使室内气氛活跃起来。靠垫有随意制作和可搬动的灵活性，所以它是对室内造型、色彩、质感进行调节的得力工具。它可以像砝码一样使室内的艺术效果达到更好的均衡。靠垫的放置可以造成室内的某种节奏感，其色彩的选择可以牵制室内色彩的对比或调和，其造型、图案可加强室内动感或静感。

（3）灯具

灯具是提供室内照明的器具，也是美化室内环境不可或缺的陈设品。在缺少自然光的环境下，人们工作、生活、学习都离不开灯具。灯具用光的不同，可以营造出各种不同的气氛情调，而灯具本身的造型变化更会给室内环境增色不少。在进行室内设计时必须把灯具当做室内设计整体的一部分来设计。灯具的造型也非常重要，其形、质、光、色都要求与环境协调一致，对重点装饰的部位，更要通过灯光来强调，凸显其形象（图 6–1–3）。但有时过多的光源会带来视觉上的污染，使人觉得烦躁，容易疲劳，因而设计中对灯具的使用要适度。

图 6–1–3　种类不同的灯具

2. 装饰性陈设品

（1）艺术品

艺术品陈设包括绘画、书法、雕塑、摄影、艺术陶瓷、玉器、古玩等有艺术价值的陈设物。在选择上，不仅必须注意作品的造型是否合乎室内空间的尺度、色彩、质地，而且必须重视作品的内涵是否合乎室内格调的要求。如果将不恰当的艺术品陈列在室内，非但无助于装饰效果，反而会破坏室内的精神品质（图 6–1–14、图 6–1–5）。

图 6–1–4　装饰性陈设品

图 6–1–5　装饰性陈设品

（2）纪念品

先人遗物、亲朋赠物、奖状、旅游纪念品、采集标本等，都具有欣赏和保存价值。这些物品大多都有特别的纪念意义，能够让人触景生情、睹物思人。

（3）嗜好品

因个人嗜好而收集的物品包罗极广，其中不乏可供陈设的物品。例如花鸟标本、猎具、烟斗、钱币、邮票和民俗物等，皆是别具风格而且足以表露居住者性格的室内摆设品。

6.1.4 陈设品布置方式

为了营造室内理想环境氛围，达到具体的实用功能，我们需要使用大量的陈设物品。中国陈设艺术专业委员会提出的陈设艺术行业理念是“生活艺术化，艺术生活化；艺术品功能化，功能品艺术化”，这也是我们选择和布置陈设物品的基本原则。

能否使陈设布置凸显作用，陈设的位置、状态是否合适这一点相当关键。陈设品的陈列和展示，由于室内环境条件不同，个人爱好各异，难以建立固定的模式。设计者只能根据现场条件，发挥自己的聪明才智，大胆创新，才能获得独特的表现力。

从陈列的背景角度来讲，室内的任何空间皆可加以利用，其中最常采用的布置方式包括壁面、桌面、橱架三大类。

1. 壁面陈设

壁面装饰以绘画、浮雕、编织品、木刻等为主要对象。实际上，凡是可以悬挂在墙壁上的纪念品、嗜好品和各种优美的器物均可用做壁面装饰。

在多数的情况中，绘画和摄影作品是室内最重要的装饰悬挂，必须选择最完整且最适合观赏的墙面作为陈列的背景。除了重视作品的题材和风格外，一方面，要注意作品本身的面积和数量是否与墙面的空间、邻近的家具以及投射的灯光存在良好的关系，另一方面，要注意悬挂的位置如何与邻接的家具和其他陈设品之间取得适宜的平衡效果。作品的大小要与墙面的面积相协调，不要太拥挤，要留出适当的空隙，否则再精彩的作品也会因为空间局促而减色。

假如想要获得较为庄重的感觉，可以采取对称布置的手法，将一幅或一组图画悬挂于沙发、壁炉或案几上方的中央位置，达到一种对称平衡的关系。这种方式简单明了，但应避免严肃呆板。同时，陈列的方向也很重要，同样的一组绘画，作水平排列时，感觉安定而平静；作垂直排列时，则显得动感而强劲（图 6-1-6）。

图 6—1—6　对称的布置手法

如果一面墙壁必须同时陈列数量较多的装饰物，如多幅小画面成群排列，需要注意画与画之间距离应保持疏密、远近适宜，排列整齐有序，画框边缘齐上或齐下。面积差别较大，而题材风格亦较复杂的画面，由于本身的变化较多，必须从整体的秩序着手才能有效陈列。对于面积的分配和色彩的分布必须从整体出发，调配得当，才能获得完整协调的效果。

2. 桌面陈设

对桌面陈设的传统理解大多是指餐桌的布置。在欧美各国，餐桌的布置是非常考究而严格的，它不仅用精美的餐具让人获得高贵的感受，而且更以精致的陈设品来加强用餐的愉悦气氛。

从广义的角度来说，桌面陈设的范围相当广泛，包括茶几、写字台、案几、边柜、供桌等桌面空间。在实际中，桌面陈设的原则与墙面装饰大体是相同的，必须在井然的秩序中寻求适当的变化，从匀称的组织中追求自然的节奏，而后才能设计优美的效果。桌面陈设与墙面陈设的差别是桌面陈列品必须考虑与生活活动的配合，并注意留出更多供人支配的空间。比如说，在一张茶几上同时陈列了茶具、烟缸和花瓶等陈设品，其中茶具和烟缸皆与聚会或交谊等休闲活动有关，必须摆放在使用便利的位置。又比如说，花瓶是纯粹装饰性的，就不能陈设在对活动有妨碍的地方。

3. 橱架陈设

橱架陈设是一种兼具有储藏作用的陈列方式，它适宜陈设数量较多的书籍、古玩、工艺品、器皿和玩具等。由于陈列展示的物品类型很多，采用的壁架、陈列橱本身的造型和色彩皆必须绝对地单纯，否则橱架变化过多将不适于作为陈列背景。

一般来说陈设品的数量不宜过多过杂，以免有过分拥挤和不胜负荷的感觉。可以将陈设品分成若干类型来分期陈列，而将其余暂时储藏，一来可以使陈设的效果更为出色，二来可以使陈列的题材时有变化。假如要同时陈列数量较多的展品时，必须将相同类型的器物分别组成较有规律的主体部分和一两个较为突出的主题，然后加以反复安排，从平衡中寻找到完美的组织和生动的韵律（图 6–1–7）。

图 6—1—7　瓷器的橱架陈列

6.2 室内绿化设计

随着现代城市的发展，大型公共建筑及高层住宅楼的增多，使得绿地在不断减少。人们向往自然、接近自然的心理需求越来越难以得到满足，特别是长期工作、生活在室内的人，更渴望获得一个绿色的生活环境。

室内绿化是室内空间设计的一部分，它与室内设计紧密相连。它主要是利用植物材料并结合园林的造园手法，组织、完善和美化室内空间，协调人、建筑与环境之间的关系，削弱建筑室内空间给人带来的压力。

6.2.1 室内绿化的作用

1. 改善室内空气环境，调节心理平衡

植物是大自然生态体系的主体，它能通过光合作用除去空气中的一些粉尘和气态污染物，调节气温，增加空气湿度，改善室内小环境。植物具有良好的隔音和吸音作用，较好的布置室内植物能够降低噪声污染。同时，科学实验表明，人在绿色植物面前时，脑电波的活动明显增强，观察植物可以提神醒脑，减轻压力。人在植物绿化多的地方更容易保持持久的注意力和兴趣，并产生健康的情绪（图 6–2–1）。

图 6–2–1 室内绿化

2. 组织空间，丰富空间层次

植物在组织空间，丰富空间层次方面，起着不可忽视的作用，主要表现在：

（1）限定和划分空间

室内空间由于功能不同而被划分为不同的区域，如大型公共建筑的休息区、等候区、服务区、就餐区等等。可采用室内绿化的手法对室内空间进行再组织，在实现功能作用的同时，又不失其整体性和开放性（图 6–2–2）

图 6—2—2　利用植物来划分室内空间

（2）柔化空间

现代建筑室内空间大多是由直线和板块形构建组合的几何体，在面积很大的空间里，这些线条容易使人感到冷漠生硬。利用植物特有的曲线、缤纷的色彩、柔软的质感可以改变人们对建筑室内的印象，制造出柔和的空间气氛，使人感到宜人和亲切。

（3）空间的填充

在室内空间中，有一些难以利用的空间死角，这些剩余空间往往是绿化的好位置，如楼梯下部、家具转角或端头、窗台周围。这些地方都可以布置绿化，使空间回归有机整体，增添空间趣味。

3. 美化环境

植物在生长过程中具有多变的形态，丰富的色彩、清雅的气味以及独具个性的气质，用这种独特的生命装饰室内空间，可以创造室内的绿色气氛，对美化室内环境有着事半功倍的效果。植物是人们普遍喜好的陈设品，具有自然质感机理的植物，可以与建筑空间、建筑装饰材料形成互补和对比。同时，绿色植物还可以丰富室内色彩，弥补配色的不足，使色调更丰富、更和谐。

6.2.2　室内绿化的基本形式

由于室内空间的特点及植物的种类、姿态、香色不同，植物有着不同的配置方式，所产生的景观效果也截然不同，常用的有孤植、对植、丛植等。

1. 孤植

孤植主要表现植物的个体美，适宜于室内近距离的观赏，通常运用在室内的主要趣味点即视觉中心上。一般要求其姿态优美、色彩鲜明或具有鲜明季相变化的植物。

2. 对植

对植就是两株或两组相同的树种在构图轴线两侧对应地种植，常在入口、楼梯及作为衬托主景的配景处出现。要求两株植物的体量、高矮、繁茂程度基本一致，以达到均衡整齐的效果（图 6–2–3）。

图 6–2–3　单独一株植物成为了室内的视觉中心

图 6–2–4　对称的布置可以突出入口的位置

3. 丛植

丛植是指两株以上甚至数十株相同或不同的植物，按照一定的构图方式组合在一起的种植方式。在自然式种植中丛植运用得较多，可将树丛布置在庭院中心，不仅能起到遮蔽的作用，还可以作为主景或配景使用。配置要求疏密相间，错落有致。丛植具有丰富景色层次，能增加园林式的自然美，一般是姿美、颜色鲜艳的小植株在前，形大浓绿的大植株在后（图 6–2–5）。

图 6–2–5　植物错落有致形成的自然美

6.2.3 常用室内植物种类

1. 观叶

观叶植物在室内绿化中起着主要的作用，大多起源于热带和亚热带，在 20℃左右室温的室内生长良好。观叶植物一般可以适应不同的空气湿度（20%~80%）, 并且大多能在室内正常光线下保持原有形态，所以成为室内绿化的首选。应用较多的观叶植物有富贵竹、铁线蕨、橡皮树、常春藤、花叶芋、广东万年青、龟背竹、绿萝等（图 6-2-6）。

2. 观花

观花植物以植物的花色、花形为主要观赏目标。室内绿化中选择的观花植物一般花期较长，色彩艳丽丰富，外形多样，适合于室内养护。与观叶植物比，观花植物在室内的布置较为受限，要求光照较为充足，夜晚温度较低，以满足植物贮备养分，促进花芽发育的需要。室内常见的观花植物有瓜叶菊、百合、扶桑、马蹄莲、安祖花、金粟兰、天竺葵等（图 6-2-7）。

图 6-2-6　富贵竹

图 6-2-7　马蹄莲

3. 观果

室内绿化中用到的观果植物并不多。作为能够观赏的果实，应有美观的形状或鲜艳的色彩。如大型果艳凤梨、金橘和石榴，小型果南天竺、万年青、珊瑚樱等。

4. 闻香

植物的气味对于室内空间来说，具有特别的意义。自然的香味能创造一种温馨、沁人的氛围，令人心情舒畅、轻松健康。不同的植物种类有不同的香味，香味的浓度也不同，如桂花的甜香，梅花的暗香，梅花的幽香，栀子、含笑、茉莉的浓香等。

5. 藤蔓

藤蔓植物的枝条细长柔软，不能保持直立，呈匍匐状或自然悬垂，枝条长可达数米，潇洒飘逸，适宜在柜子顶部放置或在阳台种植。常见的室内藤蔓有爬山虎、常春藤、藤萝等。

6. 水生

水生植物的通气组织极为发达，适宜生长在水塘、水池等地。水生植物依其生态习性及与水分的关系大致可以分为四类：

①挺水植物。根生长在水下的泥土里，茎叶全部挺出于水面之上，通常生长在浅水区域，如荷花、芦苇、茭白、水葱等。

②浮水植物。根生于泥中，叶片浮于水面，可生育浅水 2~3 m 深的水中，如睡莲、玉莲等（图 6–2–8）。

图 6–2–8　睡莲

③沉水植物。根生于泥中，茎叶全部沉于水中，或水浅时偶尔露出水面，如苦草、玻璃藻等。

④漂浮植物。根伸展于水中，叶浮于水面，随水飘动，在水浅处可生根于泥中，如满江红、水浮萍等。

7. 树木

这里所说的树木主要指高度在 3 m 以上的大型乔木，主要用于室内大空间的绿化种植，如多层共享空间、中庭、展厅等。常用的树木种类有南洋松、榕树及棕榈科的许多植物（图 6–2–9）。

图 6–2–9　中庭布置大型树木

6.2.4 不同功能空间的绿化设计

1. 居住空间

用绿色植物来打造现代而又时尚的家居环境，不仅可以使空间更充实，还能打破墙角的生硬感，使室内充满生机。现代居室在选择植物时一般以耐阴植物为主。室内绿化植物的高度要与室内空间高度及开间成比例，过高或过低都会影响美感，另外居室内绿化面积不宜超过室内面积的 10%，否则会使人觉得压抑。

客厅是接待宾客来访及家人聚会的地方，因而绿色植物可以布置的丰富、热烈。宜选择一些观赏价值较高、颜色浓郁、花姿优美的植物，配以组合盆栽小品或盆景，来衬托出客厅活泼的生机（图 6–2–10）。

餐厅应选择使人心情愉快、可增进食欲的绿色植物装饰，色彩不宜太艳丽。可以用一些家用的植物如瓜果、蔬菜植物等，配以普通的容器，采用洁净的介质进行栽培。甚至可以用水栽进行装饰，平添生活的情趣，减少劳作的乏味。

卧室是人们休息睡眠的地方，应突出恬静安逸、温馨典雅的特点，因而绿色植物的布置不宜过多，不宜太鲜艳，尤其不宜选用高大的植物和质地粗糙、大叶型的植物。一般宜选用线条柔美、纤细并且具有安神作用的小型盆栽。

书房是主人学习和工作的地方，应具有清净优雅、催人奋进的氛围。适宜摆放色彩鲜艳、香气宜人、株叶雅致潇洒的植物，如君子兰、茉莉、文竹、榆树桩等。大的书房可设置博古架，书籍、小摆设和盆栽、山水盆景相错放置其上，能营造出既艺术又文雅的读书环境。

2. 宾馆空间

宾馆的大堂具有迎客、休息、引导的功能，而且还是建筑内部空间的“门脸”，一般在中心设置大型植物组合，或者用大中型盆栽引导路线，或者与假山、水景相结合，营造出室内园林景观的效果。植物品种多数较为名贵，力求给人热情、充满生机、高雅的感觉（图 6–2–11）。

图 6–2–10　被绿色植物环绕的客厅

图 6–2–11　宾馆大堂中的绿化设计

一般较大的厅堂都设有休息区，配有沙发、茶几等家具。对这些区域的绿化布置则是较为程式化的，多是沙发旁边或后放置大型植物，扶手与茶几附近放置中型植物，茶几上放置小型盆栽或插花，为客人创造温馨、舒适、雅致的休息环境。

3. 餐饮空间

餐饮空间是人际交往、感情交流、商贸洽谈、家庭团聚的场所，人们在其中逗留的时间相对较长，因此，更应该创造出和谐、温馨的气氛和宜人的环境。

整个餐厅的色彩必须是沉着的，以产生温馨感和就餐情绪。餐厅周围的角落和走道一侧可以散置较大型的盆栽植物，但其布置不应阻隔顾客的就餐活动路线和供应路线。餐桌上可摆放淡雅的插花，花色宜选用可引起食欲的暖色调种类。此外，在餐厅过道和不同的就餐区之间，植物可以采取植屏的形式进行配置，起到分隔和引导的作用（图 6-2-12）。

此外，餐厅中应避免使用浓香品种的植物，以避免干扰食物的韵味。

4. 商业空间

商业空间中用植物为主体的设计既适应了花样不断翻新的商品，又可以引导人流，招揽顾客。

通常在商场的入口两侧要放置单株或多株大型盆栽植物，因其与人的距离较近，所以尽量选择纹理细腻、叶片滑亮的植物，营造热烈、热情的氛围。在卖场内，由于专柜、卖区繁多，空间布置紧凑，不适宜摆放较多的植物，而在不同的专卖区域内，则可以根据商品性质、空间大小、装饰风格、色彩等进行植物的灵活摆放（图 6-2-13）。

图 6-2-12　植物可以起到遮挡视线的作用

图 6-2-13　商业空间中的绿化

5. 办公空间

现代办公空间非常重视室内绿化，设置易于和人交流的植物景观，能创造安全健康、舒适高效的现代室内办公环境。现代办公室趋向大空间、开放式办公，室内常借助植物或办公家具的组合将办公室自然分隔成不同大小的功能空间。

办公空间中的人员流动相对较少，因此，人为的对植物的意外伤害和肆意破坏的现象会大为减少，这样更利于室内绿化，从而有利于为员工提供一个更加自然和谐的工作环境。

总之，不管采取何种配置方法，都应以科学的管理及艺术的空间布置为手段，使植物、人、室内环境组成协调、匀称的统一体，使室内环境成为一个既有自然情趣，又适合人们的生活和工作的优质生态环境（图 6–2–14）。

图 6—2—14　办公区绿化设计

第7章 室内设计的风格与流派

7.1 室内设计的风格

7.1.1 风格的成因和影响

室内设计风格的形成，是不同的时代思潮和地区特点，通过创作构思和表现，逐渐发展成为具有代表性的室内设计形式。一种典型风格的形成，通常是和当地的人文因素和自然条件，如民族特性、社会体制、生活方式、文化潮流、科技发展、风俗习惯、宗教信仰、气候物产、地理位置密切相关，又体现创作者的专业素质、艺术素养及群体的创作构思、造型特点。

风格虽然表现于形式，但风格具有艺术、文化、社会发展等深刻的内涵；从这一深层含义来说，风格又不停留或等同于形式。一种风格一旦形成，它又能积极或消极地转而影响文化、艺术以及诸多的社会因素，并不仅仅局限于作为一种形式表现和视觉上的感受。

室内设计的风格和流派划分，不是绝对的。在体现艺术特色和创作个性的同时，相对地说，风格跨越的时间要长一些，包含的地域会广一些。

中国有中国古典式的传统风格，西方有西方古典式的传统风格，每一种风格样式都包含一定民族的文脉。风格就是根据传统文脉结合时代气息创造出各种典型的室内环境和气氛。

7.1.2 风格的种类

1. 外国传统风格

（1）罗马样式

5-6世纪的中世纪初期，古罗马样式和地方特色相结合产生了罗马样式。11-12世纪时，宗教建筑盛行，罗马样式由欧洲长方形会堂的教堂发展而来，加厚了罗马拱形建筑的墙壁，建筑厚壁所产生的庄重美，以及教堂建筑窗少，室内很暗而造成内装修浮雕、室内雕塑的神秘感，此为其艺术特色。罗马样式的家具风格不统一，反映了欧洲各国相互间的交流和影响（图7-1-1至图7-1-5）。

图 7—1—1　拜占庭的屏背形罗马主教座椅

图 7—1—2　罗马教会进行弥撒时使用的教堂座椅

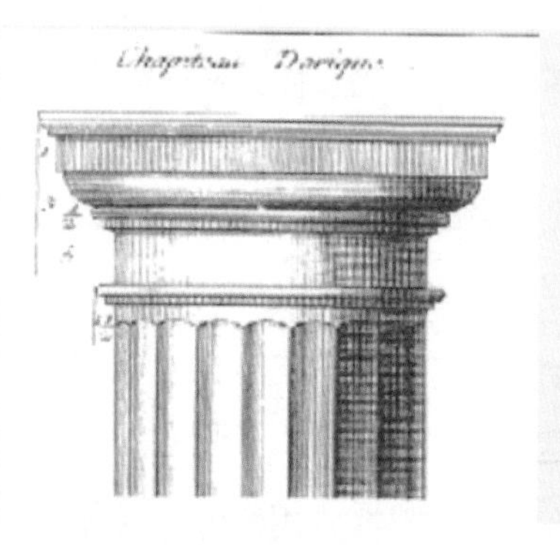

图 7—1—3　古罗马柱头

图 7—1—4　罗马样式现代家具

图 7—1—5　罗马样式现代室内设计

古罗马风格以豪华、壮丽为特色，券柱式造型是古罗马人的创造，两柱之间是一个券洞，形成一种券与柱大胆结合、极富兴味的装饰性柱式，成为西方室内装饰最鲜明的特征。广为流行和实用的有罗马多拉克式、罗马塔斯干式、罗马爱奥尼克式、罗马科林斯式及罗马混合柱式。古罗马风格柱式曾经风靡一时，至今在家庭装饰中还常常应用。

（2）欧洲哥特样式

欧洲哥特样式产生于12–13世纪初，当时的新宗教建筑室内以竖向排列的柱子和柱间尖形向上的细花格拱形洞口、窗口上部火焰形线脚装饰、卷蔓、亚麻布、螺形等纹样装饰来创造宗教至高无上的严肃神秘气氛。14世纪末，欧洲经济发展起来，一般室内装饰向造型华丽、色彩丰富明亮发展，英国富裕者增多，一般市民的住宅也追求华美、鲜艳的效果和讲究的装修，再配以模仿拱形线脚的家具为典型作法（图7–1–6至图7–1–9）。

图7–1–6　欧洲哥特样式住宅

图7–1–7　欧洲哥特样式桌子

图7–1–8　欧洲哥特样式椅子

图7–1–9　欧洲哥特样式室内设计

（3）欧洲文艺复兴样式

文艺复兴开始于14世纪的意大利，15–16世纪时进入繁盛时期，室内设计也由此在欧洲各国逐步形成各自独特的样式（图7–1–10、图7–1–11）。

意大利文艺复兴时期的家具多不露结构部件，而强调表面雕饰，多运用细密描绘的手法，具有丰裕华丽的效果；法国文艺复兴时期的室内设计和家具木雕饰技艺精湛；英国的文艺复兴样式似可见到哥特样式的特征，但随着住宅建筑的快速发展，室内工艺占据了主要位置。

图 7-1-10　欧洲文艺复兴样式室内设计 1

图 7-1-11　欧洲文艺复兴样式室内设计 2

（4）欧洲巴洛克样式

17 世纪为欧洲的巴洛克样式盛行的时代，是对文艺复兴样式的变型时期。其艺术特征为打破文艺复兴时代整体的造型形式而进行变态，在运用直线的同时也强调线型流动变化的造型特点，具有过多的装饰和华美厚重的效果。在室内，将绘画、雕刻、工艺集中于装饰和陈设艺术上，墙面装饰多以展示精美的法国壁毯为主，以及镶有大形镜面或大理石，线脚重叠的贵重木材镶边板装饰墙面等。色彩华丽且用金色予以协调，以直线与曲线协调处理的猫脚家具和其他各种装饰工艺手段的使用，构成室内庄重、豪华的气氛（图 7-1-12 至图 7-1-15）。

图 7-1-12　欧洲巴洛克样式室内设计 1

图 7-1-13　欧洲巴洛克样式家具

巴洛克风格的主要特色是强调力度、变化和动感，强调建筑绘画与雕塑以及室内环境等的综合性，突出夸张、浪漫、激情和非理性、幻觉、幻想的特点；打破均衡，平面多变，强调层次和深度；使用各色大理石、宝石、青铜、金等装饰，华丽、壮观，突破了文艺复兴古典主义的一些程式、原则。

图 7-1-14　欧洲巴洛克样式室内设计 2

图 7-1-15　欧洲巴洛克样式室内设计 3

（5）欧洲洛可可样式

洛可可样式是继巴洛克样式之后在欧洲发展起来的样式，比起巴洛克样式的厚重特点，洛可可以其不均衡的轻快、纤细曲线著称，从中国和印度输入欧洲的室内装饰品也曾给予其影响。“洛可可”一词来自法国宫廷庭园中用贝壳、岩石制作的假山“洛卡优”，意大利人误叫成“洛可可”而流传开来。其特点为造型装饰多运用贝壳的曲线、皱折和弯曲形构图分割，装饰极尽繁琐、华丽之能事，色彩绚丽多彩，大量运用中国卷草纹样，具有轻快、流动、向外扩展以及纹样中的人物、植物、动物浑然一体的突出特点（图 7-1-16 至图 7-1-18）。

图 7-1-16　欧洲洛可可样式书柜

图 7-1-17　欧洲洛可可样式室内设计 1

图 7-1-18　欧洲洛可可样式室内设计 2

（6）英国洛可可样式

英国洛可可因受到荷兰风格的显著影响而形成非常高雅的样式，家具常常采用抓有珠球的猫脚雕饰。雕饰多用贝壳形纹样。造型典雅优美，具有韵味为其艺术特色（图 7-1-19）。

图 7-1-19　英国洛可可样式室内设计

洛可可风格的总体特征是轻盈、华丽、精致、细腻。室内装饰造型高耸纤细，不对称，频繁地使用形态方向多变的“C”“S”或涡券形曲线、弧线，并常用大镜面作装饰，大量运用花环、花束、弓箭及贝壳图案纹样。善用金色和象牙白色，色彩明快、柔和、清淡却豪华富丽。室内装修造型优雅，制作工艺、结构、线条具有婉转、柔和等特点，以创造轻松、明朗、亲切的空间环境。

（7）美国“殖民地时期风格”

在美国独立之前，建筑和室内样式大多采用欧洲样式。这些由不同国家殖民者所建造的房屋样式被称为“殖民地时期风格”。其中主要是英国式样，是在英国洛可可样式基础上发展起来的。室内设计强调创造自由的、明朗的气氛。室内家具具有英国洛克可可的明显特征，椅子前脚为猫脚形，并采用贝壳装饰。富裕之家以在室内放置几件东方家具为时尚。由于经济及加工工艺水平的原因，美国殖民地时期的室内装修及家具造型均在英国洛可可样式基础上予以简化（图 7-1-20、图 7-1-21）。

图 7—1—20　美国“殖民地时期风格”室内设计 1

图 7—1—21　美国“殖民地时期风格”室内设计 2

（8）古代埃及风格

古代埃及大多在椅的靠背、扶手、腿部施以彩色雕饰、镶嵌金银和象眼。家具的腿多用兽爪造型。家具的构造采用木条、木筋的连接办法，反映了古埃及木工技术水平的高超（图 7-1-22 至图 7-1-23）。

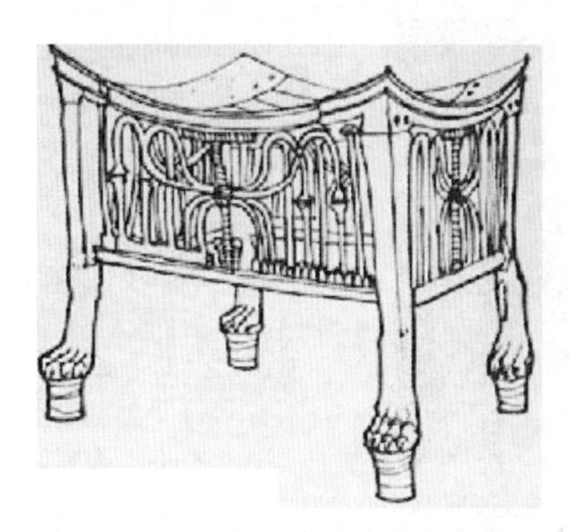

图 7—1—22　埃及时期的兽爪木凳图

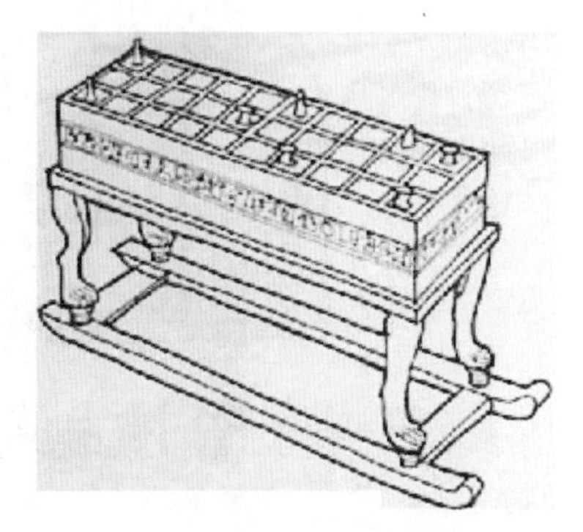

图 7—1—23　土塔克海门法老墓出土的棋桌图

古代埃及风格简约、雄浑，以石材为主，柱式是其风格之标志，柱头如绽开的纸草花，柱身挺拔巍峨，中间有线式凹槽、象形文字、浮雕等，下面有柱础盘，古老而凝重。光滑的花岗岩是铺地惯用的材料，毛糙的花岗岩小块多用于电视墙主背景上，又称文化墙（图 7-1-24、图 7-1-25）。

图 7-1-24　古代埃及风格室内设计 1

图 7-1-25　古代埃及风格室内设计 2

(9)印度古典样式

印度的古典风格反映在佛教建筑中。几何纹样圆拱向上的天花，华丽的列柱、浮雕和半圆装饰的墙面以及雕塑和壁画的结合等室内装修和陈设艺术，皆显示了印度的古典风格样式，丰满、华丽、厚重以及永恒性与人性的结合，不惜人工的精巧雕饰为其突出的艺术特色(图 7-1-26)。

图 7-1-26　阿迦达佛教石窟内景图

(10)日本古典样式

日本的古代文化受到中国文化全面、深刻的影响而发展起来。古代住房分为高床住宅和竖穴房屋二种。高床住宅有高基架、木构，人们脱履而入。隋唐时代佛教传入日本，唐风寺院兴建及高床建筑向寝殿建筑发展，在此基础上又发展成为室内推拉门扇分割空间的和式建筑。

(11)欧洲新艺术运动风格

此风格开始于 19 世纪 80 年代比利时的布鲁塞尔。新艺术运动的装饰主题是模仿自然界生长繁盛的草木形状和曲线。凡墙面、家具、栏杆及窗棂等装饰莫不如此。由于铁便于制作各种曲线，因此室内装饰中大量应用铁构件。

新艺术运动的艺术实践主要在室内设计。建筑外形一般比较简洁。1884 年以后新艺术运动迅速地传遍欧洲，在德国称之为“青年风格派”，也影响到美国。它体现了现代建筑室内设计中简化与净化的倾向（图 7-1-27、图 7-1-28）

图 7—1—27

布鲁塞尔都灵路 12 号住宅内部图

图 7—1—28

欧洲新艺术运动风格室内设计

（12）伊斯兰风格

伊斯兰建筑普遍使用拱券结构。拱券的样式富有装饰性。建筑空间多横向划分。建筑和廊子三面围合成中心庭院，中央是水池。它的建筑装饰有两大特点：一是券和穹顶的多种花式，二是大面积表面图案装饰。券的形式有双圆心尖券、马蹄形券、火焰式券及花瓣形券等。室外墙面主要用花式砌筑进行装饰，后又陆续出现了平浮雕式彩绘和琉璃砖装饰。室内用石膏作大面积浮雕，涂绘装饰以深蓝、浅蓝两色为主。中亚及伊朗高原自然景色较荒芜枯燥，人们喜欢浓烈的色彩，室内多用华丽的壁毯和地毯，爱好大面积色彩装饰。图案多以花卉为主，曲线均整，结合几何图案，其内或缀以《古兰经》中的经文。装饰图案以其形、色的纤丽为特征，以蔷薇、风信子、郁金香等植物为题材，具有艳丽、舒展、悠闲的效果（图 7-1-29、图 7-1-30）

图 7—1—29　伊斯兰柱头

图 7—1—30　伊斯兰风格室内设计

2. 现代主义风格

现代主义风格是指那些摆脱传统的观念及设计风格，以简洁抽象的几何形式，创造开敞、自由、灵活以及流动的空间形式。较注重空间的实用性和布局结构的合理性。

从色彩的色度看，多用明度低的颜色或用单一的颜色配以其他的色彩（图 7-1-31 至图 7-1-34）

现代风格起源于 1919 年成立的包豪斯学派，该学派处于当时的历史背景，强调突破旧传统，创造新建筑，重视功能和空间组织，注意发挥结构构成本身的形式美，造型简洁，反对多余装饰，崇尚合理的构成工艺，尊重材料的性能，讲究材料自身的质地和色彩的配置效果，发展了非传统的以功能布局为依据的不对称的构图手法。包豪斯学派重视实际的工艺制作操作，强调设计与工业生产的联系。

图 7-1-31 朗香教堂 1

图 7-1-32 朗香教堂 2

图 7-1-33 朗香教堂 3

图 7-1-34 1931 年为德国柏林建筑展览会的设计

3. 后现代主义风格

后现代主义风格是对古典的图形图像进行抽象、夸张、变形和重新组合，而且设计师常常会加上自己的一些想法，创造出大众都能接受的图像符号；强调一些视觉上的语言，丰富多彩的设计手法。将历史建筑中的构图符号及装饰的传统符号用于后现代主义的设计中，使传统的文化得以延续。从色彩的角度来看后现代主义，大胆的图案、丰富及亮丽炫目的色彩，使设计更生活化、更生动化了。后现代风格的代表人物有凡丘里、汉斯 · 霍拉因（图 7-1-35、图 7-1-36）等。

图 7-1-35 汉斯 · 霍拉因作品 1

图 7-1-36 汉斯 · 霍拉因作品 2

4. 自然风格

自然风格倡导“回归自然”，美学上推崇自然、结合自然，才能在当今高科技、高节奏的社会生活中，使人们取得生理和心理的平衡，因此室内多用木料、织物、石材等天然材料，显示材料的纹理，清新淡雅。此外，由于其宗旨和手法的相似性，也可把田园风格归入自然风格一类。田园风格在室内环境中力求表现悠闲、舒畅、自然的田园生活情趣，也常运用天然木、石、藤、竹等材质质朴的纹理。巧于设置室内绿化，创造自然、简朴、高雅的氛围（图 7–1–37、图 7–1–38）

图 7–1–37　自然风格室内设计 1

图 7–1–38　自然风格室内设计 2

5. 混合型风格

近年来，建筑设计和室内设计在总体上呈现多元化、兼容并蓄的状况。室内布置既趋于现代实用，又吸取传统的特征，在装潢与陈设中溶古今中西于一体，例如传统的屏风、摆设和茶几，配以现代风格的墙面及门窗装修、新型的沙发；欧式古典的琉璃灯具和壁面装饰，配以东方传统的家具和埃及的陈设、小品等。混合型风格虽然在设计中不拘一格，运用多种体例，但设计中仍然是匠心独具，深入推敲形体、色彩、材质等方面后形成的总体构图和视觉效果（图 7–1–39、图 7–1–40）。

图 7–1–39　混合型风格室内设计 1

图 7–1–40　混合型风格室内设计 2

6. 中国风格样式

中国传统的风格样式是根据中华民族生活环境、习俗所形成，也是由独特的哲学观和形体观所决定的。

从品质上看，中国风格样式具有庄严典雅的气度，潇洒飘逸的气韵，象征着深奥超脱的意境。

从风格上看，框槛是固定的部分，用来安装格扇的架子。格扇门窗，横披均为格扇。棂子，其外形装饰纹有菱形、方形、六角形、八角形、圆形等几何图形。

从色彩上看，鲜明醒目。既在视觉上美观，又在功能上起保护作用。

从手法上看，无论是结构，还是装饰上，中国风格样式所表现的是端庄、大方的气质，丰满华丽的风采，按一定的规律布置空间，间架的配置、纹饰的排列、家具的安放、古玩字画的悬挂陈设，都用对称均衡的手法获得稳健典雅的气势。

（1）新古典主义

采用民族传统的装饰手法，在现代结构、装饰材料、施工工艺、高新技术的建筑内部空间进行处理和装饰，同时采用陈设艺术手法来进行分割空间、装饰空间的设计，使中国传统的室内样式具有明显的时代特征，例如：1959 年中国的十大建筑，特别是人民大会堂的室内设计和民族文化宫的室内设计，充分体现了以典雅的中国传统文化风格为基调的空间形象，都是运用新形式和古典风格结合的新古典主义作品（图 7–1–41 至图 7–1–45）。

图 7–1–41　人民大会堂的室内设计 1

图 7–1–42　人民大会堂的室内设计 2

图 7–1–43　人民大会堂的室内设计 3

图 7-1-44　人民大会堂的室内设计 4

图 7-1-45　民族文化宫的室内设计

（2）新地方主义

当今的建筑室内设计师在充分了解建筑所处的地域、自然环境与人文环境的基础上，进行大胆的创新设计，使原有的地方色彩带有明显的时代特征，设计师在创作中更加显示了自己的艺术风格和自然的韵味。1982 年，华裔建筑大师贝聿铭设计的香山饭店，其外部环境和室内设计均具有中国江南园林以及民居的地域文化特征，使人充分感受到了中国南方建筑室内设计的高雅和浓厚的文化品位，是新地方主义现代宾馆的典型范例（图 7-1-46、图 7-1-47）。

图 7-1-46　香山饭店的室内设计 1

图 7-1-47　香山饭店的室内设计 2

（3）新少数民族风格

在现代建筑的内部空间中，象征性地表现少数民族建筑的人文文化特色，并在结构构件上较为直接地采用适当简化了的少数民族装饰图案，或以其图案所做的立题性标志，保持其民族色彩、家具饰品等特征，并选用少数民族陈设的艺术品装饰室内环境气氛，具有明显的少数民族风格特色，同时又具有现代文明特征，这一类设计风格被称为新少数民族风格（图 7-1-48、图 7-1-49）

图 7-1-48　新少数民族风格室内设计 1

图 7-1-49　新少数民族风格室内设计 2

（4）中国现代主义风格

现代主义风格的设计起始于 19 世纪下半期，经过一百多年的发展，现在已成为现代家庭装饰的主流。现代风格主张“功能第一”。如为了适应现代风格人快节奏的生活方式，现代风格客厅特别强调它的实用功能，一般只需要沙发、茶几和组合电器装置，不再有观赏性强的壁炉或布艺窗帘等过分装饰。现代风格也是一种简朴淡雅式风格，以简洁明快为其主要特色；重视室内空间的使用效能，强调室内布置应按功能区分的原则进行，家具布置与空间密切配合；主张废弃多余的、繁琐的附加装饰，使室内景观显得简洁、明快，完美地反映出“少就是多”这一设计概念。目前我国建筑室内设计方案，在很大程度上借鉴和汲取了西方现代主义设计中的简洁、明快、洗练的设计风格，同时采用了色彩、质感、光影与形体特征的多种表现手法，其中也包括了把现代高新科技的装饰材料用于室内装饰装修上，由于在设计时充分考虑到了本国国情、民族文化、风土人情以及经济技术条件等，因而设计出来的风格又带有中国设计文化的底蕴和特色，故为中国现代主义风格（图 7-1-50）。

图 7-1-50　中国现代主义风格室内设计

（5）后现代风格

后现代派的设计者们主张兼容并蓄，凡能满足当今居住生活所需的都加以采用。这种风格的室内设计，空间组合十分复杂，突破完整的立方体、长方体的组合，且多呈界限不清的状态。利用设置隔墙、屏风或壁炉的手法来制造空间层次感，在不规则、界限含混的空间中利用细柱、隔墙，形成空间层次的不尽感和深远感。他们还常将墙壁处理成各种角度的波浪状，形成隐喻象征意义的居室装饰格调（图 7–1–51）。

图 7—1—51　后现代风格室内设计

（6）乡土和自然风格

也许是为了寻找故乡的情怀，人们日渐喜爱乡土和自然风格。在家居装修中主要表现为尊重民间的传统习惯、风土人情，保持民间特色，注意运用地方建筑材料或利用当地的传说故事等作为装饰的主题。这样可使室内景观丰富多彩，妙趣横生。例如采用较暗的灯光，墙上挂着鱼叉、渔网和船桨，天棚用的是一艘底朝天的小木船，置身其中，仿佛来到渔村，有一种特有的幽静和温情。大城市生活的紧张、拥挤和环境污染，使人们产生厌倦，向往能享受更多阳光、空气、鸟语花香的环境。这使人们崇尚自然的室内布置，例如采用不加粉刷的砖墙面，将粗犷的木纹刻意外露于室内等（图 7–1–52）。

图 7—1—52　乡土和自然风格室内设计

7.2 室内设计的流派

现代室内设计从所表现的艺术特点分析，流派众多。主要有：高技派、孟菲斯流派、光亮派、白色派、新洛可可派、风格派、超现实派、解构主义派以及装饰艺术派等。

7.2.1 高技派

高技派或称重技派，后现代主义的高技派是活跃于 20 世纪 50 年代末至 70 年代初的一个设计流派。高技派是指在建筑室内设计中坚持采用新技术，在美学上极力鼓吹表现新技术的做法。包括战后现代主义建筑在设计方法中所有“重理”的方面，以及讲求技术精美和“粗野主义”倾向。高技派主张用最新的材料如高强钢、硬铝、塑料和各种化学制品来制造体量轻，用料少，能够快速与灵活地装配、拆卸与改建的建筑结构与室内结构。设计方法强调系统设计和参数设计。表现手法多种多样，强调对人有悦目效果的、反映当代最新工业技术的“机器美”，在室内暴露梁板、网架等结构构件以及风管、线缆等各种设备和管道，强调工艺技术与时代感（图 7-2-1 至图 7-2-4）。巴黎的蓬皮杜国家艺术与文化中心是这一流派的典型代表作品。

图 7-2-1　高技派室内设计 1

图 7-2-2　高技派室内设计 2

约翰·彼特曼是美国建筑师兼房地产企业家，他以创造一种别具匠心的旅馆中庭共享空间——“彼特曼空间”而著名。共享空间在形式上大多具有穿插、渗透、复杂变化的特点，中庭共享空间往往高达数十米，是一个室内的主体广场，其中有立体绿化、休息岛、酒吧、垂直上下运动的透明电梯井、横纵交错的天桥、喷泉水池、雕塑及彩色灯光，令人应接不暇。人们坐憩观游，能感受到生机勃勃的气氛。彼特曼在建筑理论上提出了“建筑是为人而不是为物”的设计指导思想。他重视人对环境空间的感情上的反应和回响。手法上着重于空间处理，倡导把人的感官上的因素和心理因素融汇到设计中去。如运用统一与多样同时兼顾，引进自然、水、人看人等手法，创造出一种人们能直觉感受到的和谐的环境来。

图 7-2-3　亚特兰大桃树旅馆图

图 7-2-4　美国旧金山海特摄政饭店图

7.2.2　孟菲斯流派

这是 20 世纪 70 年代后期在意大利兴起的一个流派，反对单调、冷峻的现代主义，提倡装饰。代表人物是埃托雷·索特萨斯。他创造了许多形式怪诞，颇具象征意义的艺术品、家具装饰品、日用品等。他与其他一些“反设计”的同人们成立了“阿尔奇米亚”设计室，开始了取代现代主义的艺术运动（“新设计”运动）。目标为：不相信设计计划完整性的神秘；以寻求“表现特性”为设计新意；将世界流派再循环，恢复色彩、装饰的生命活力；把研究重点放在人与周围事物的相关性上。“阿尔奇米亚”设计风格独特，常常超于人的意料之外，造型丰富，独具匠心，大胆运用色彩和图案装饰，但手工制作产品数量有限，未能得到发展。80 年代初发展成“孟菲斯集团”，孟菲斯的设计师们从西方的设计中获得灵感，20 世纪初的装饰艺术、波普艺术、东方和第三世界艺术传统、古代文明和国外文明中神圣的纪念碑式建筑都给他们以启示参考。孟菲斯的设计师们认为：他们的设计不仅使人们生活得更舒适、快乐，而且有反对等级制度的政治宣言，具有存在主义思想内涵，是所谓的视觉诗歌和对固有设计观念的挑战（图 7-2-5、图 7-2-6）。

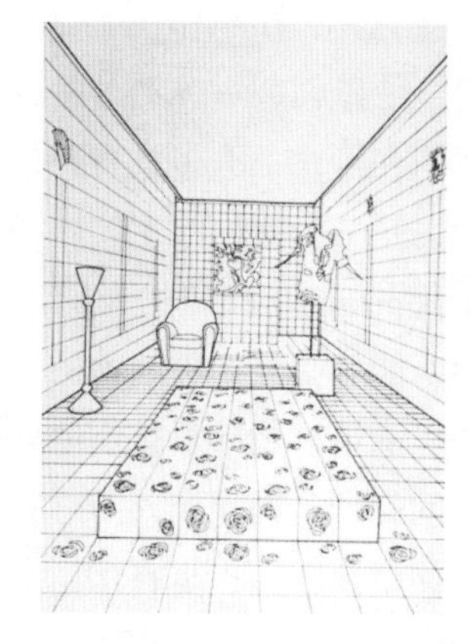

图 7-2-5　孟菲斯流派的未来居住风景图

图 7-2-6　孟菲斯流派作品

7.2.3 光亮派

光亮派也称银色派，即室内设计中夸耀新型材料及现代加工工艺的精密细致及光亮效果，往往在室内大量采用镜面及平曲面玻璃、不锈钢、磨光的花岗石和大理石等作为装饰面材，在室内环境的照明方面，常使用各类新型光源和灯具，在金属和镜面材料的烘托下，形成光彩照人、绚丽夺目的室内环境（图 7–2–7、图 7–2–8）。

图 7–2–7 光亮派室内设计 1

图 7–2–8 光亮派室内设计 2

7.2.4 白色派

白色派的室内设计朴实无华，室内各界面以至家具等常以白色为基调，简洁明确，例如美国建筑师 R. 迈耶设计的史密斯住宅及其室内即属此例。R. 迈耶白色派的室内设计，并不仅仅停留在简化装饰、选用白色等表面处理上，而是具有更为深层的构思内涵，设计师在设计室内环境时，是综合考虑了室内活动着的人以及透过门窗可见的变化着的室外景物，由此，从某种意义上讲，室内环境只是一种活动场所的“背景”，从而在装饰造型和用色上不作过多渲染（图 7–2–9、图 7–2–10）。

图 7–2–9 白色派室内设计 1

图 7–2–10 白色派室内设计 2

7.2.5 新洛可可派

洛可可原为 18 世纪盛行于欧洲宫廷的一种建筑装饰风格，以精细轻巧和繁复的雕饰为特征，新洛可可仰承了洛可可繁复的装饰特点，但装饰造型的“载体”和加工技术却运用现代新型装饰材料和现代工艺手段，从而具有华丽而略显浪漫、传统中仍不失有时代气息的装饰氛围（图 7-2-11 至图 7-2-12）。

图 7-2-11　新洛可可派设计

图 7-2-12　新洛可可派室内设计

7.2.6 风格派

风格派起始于 20 世纪 20 年代的荷兰，以画家 P. 蒙德里安等为代表的艺术流派，强调“纯造型的表现”，“要从传统及个性崇拜的约束下解放艺术”。风格派认为“把生活环境抽象化，这对人们的生活而言就是一种真实”。他们经常采用几何形体以及红、黄、青三原色，间或以黑、灰、白等色彩相配置。风格派的室内设计，在色彩及造型方面都具有极为鲜明的特征与个性。建筑与室内常以几何方块为基础，对建筑室内外空间采用内部空间与外部空间穿插统一构成为一体的手法，并以屋顶、墙面的凹凸和强烈的色彩对块体进行强调（图 7-2-13、图 7-2-14）。

图 7-2-13　风格派室内设计 1

图 7-2-14　风格派室内设计 2

7.2.7 超现实派

超现实派追求所谓超越现实的艺术效果，在室内布置中常采用异常的空间组织，曲面或具有流动弧形线型的界面，浓重的色彩，变幻莫测的光影，造型奇特的家具与设备，有时还以现代绘画或雕塑来烘托超现实的室内环境气氛。超现实派的室内设计较为适用于具有视觉形象特殊要求的某些展示或娱乐的空间（图 7-2-15）。

7.2.8 解构主义派

解构主义是 20 世纪 60 年代，以法国哲学家 J. 德里达为代表所提出的哲学观念，是对 20 世纪前期欧美盛行的结构主义和理论思想传统的质疑和批判，建筑和室内设计中的解构主义派对传统古典、构图规律等均采取否定的态度，强调不受历史文化和传统理性的约束，是一种貌似结构构成解体，突破传统形式构图，用材粗放的流派（图 7-2-16）。

图 7-2-15　超现实派室内设计图

图 7-2-16　解构主义派室内设计

7.2.9 装饰艺术派

装饰艺术派起源于 20 世纪 20 年代法国巴黎召开的一次装饰艺术与现代工业国际博览会，后传至美国等各地，如美国早期兴建的一些摩天楼即采用这一流派的设计手法。装饰艺术派善于运用多层次的几何线型及图案，重点装饰于建筑内外门窗线脚、檐口及建筑腰线、顶角线等部位。上海早年建造的老锦江宾馆（图 7-2-17）及和平饭店等建筑的内外装饰，均为装饰艺术派的手法。近年来一些宾馆和大型商场的室内，出于既具时代气息，又有建筑文化的内涵考虑，常在现代风格的基础上，在建筑细部饰以装饰艺术派的图案和纹样。

当前社会是从工业社会逐渐向后工业社会或信息社会过渡的时候，人们对周围环境的需要除了能满足使用要求、物质功能之外，更注重对环境氛围、文化内涵、艺术质量等精神功能的需求。室内设计不同艺术风格和流派的产生、发展和变换，既是建筑艺术历史文脉的延续和发展，具有深刻的社会发展历史和文化的内涵，同时也必将极大地丰富人们与相应空间朝夕相处、活动于其间时的精神生活。

图 7–2–17　老锦江宾馆

第 8 章　居住空间设计

8.1　概述

居住空间泛指与人们生活起居密切相关的建筑室内空间，即居住类建筑室内空间。居住空间与人类的生活方式密切相关。在漫长的历史发展进程中，居住空间随着社会经济的发展，由最原始的天然岩洞、窝棚，演变到现在的公寓、独立住宅、别墅等种类繁多的样式，为人类的起居生活创造了更加舒适的空间。

多种生活方式并存使居住空间的功能越来越复杂和多样化，尤其是在信息网络高速发展的今天，人们足不出户便能通过网络办公、购物或交流。类似的众多生活模式对居住空间的发展变化将起到实质性的推动作用。因此，现代居住空间不再单纯承载着传统意义上的生活起居功能，它将发展成为集居住、办公、休闲等多种功能为一体的复合体。

8.1.1　居住空间设计目标与措施

1. 设计目标

作为居住空间设计，要充分考虑家庭人口构成（如人数、成员之间关系、年龄、性别等），民族和地区的传统、特点和宗教信仰，职业特点、工作性质（如动或静、室内或室外、流动或固定等）、文化水平、业余爱好、生活方式、个性特点和生活习惯，经济水平和消费投向的分配情况等多重因素。

居住空间设计的根本目的是确保安全（生命、财产）、有利健康（生理和心理）、具有一定私密要求（家庭与家庭之间、家庭成员之间）。

2. 设计措施

（1）功能布局合理

居住空间的基本功能包括：睡眠、休息、饮食、盥洗、家庭团聚、会客、视听、娱乐以及学习、工作等，要以内部使用的方便合理作为依据（各房间的使用功能和一个房间内功能地位的划分），合理的功能布局是住宅室内装饰和美化的前提。

下面是居住空间的基本功能关系示意（图 8-1-1）。

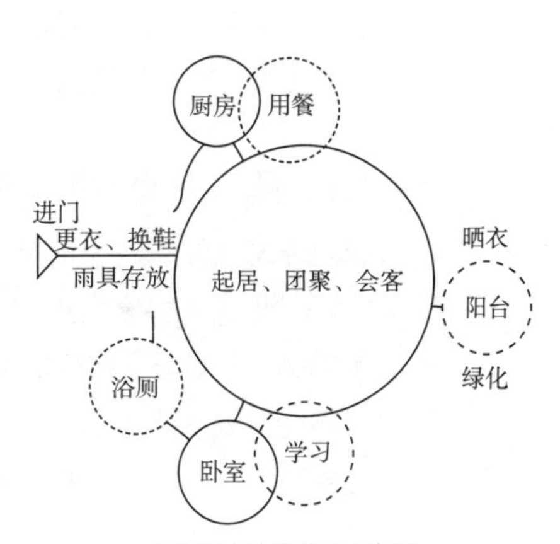

图 8—1—1　居住空间基本功能关系示意

（2）风格造型通盘构思

通盘构思，是把家庭的室内环境设计装饰和造型特征作总的设想。构思、立意是室内设计的“灵魂”，从因素到风格，从总体到具体。目前家庭室内装饰以简洁、淡雅为好，有利于扩展空间，形成恬静宜人、轻松休闲的环境。

（3）色彩、材质协调和谐

包括各个界面的色彩、材质，以及家具和室内纺织品及其陈设品的色彩和材质。色彩是人们在室内环境中最为敏感的视觉感受，可根据主体构思确定室内环境的主色调，考虑不同色彩的配置和调配。色彩与材质、光照都有内在联系。材质的选用应考虑视觉感受和肌肤触觉，杜绝有过分的尖角、粗糙、触摸后有毒或释放有害气体的材料。一方面尽量选用木材、棉、麻、藤、竹等天然材料，配置室内绿化，另一方面要显示时代气息，如适量的玻璃、金属、高分子材料。

（4）突出重点，利用空间

一是突出装饰和投资的重点（表 8-1）：

表 8-1　装饰重点

装饰重点	细致设计	近入口的门斗、门厅、走道	给人留下第一印象，是回家的室内第一接触
		视觉、选材	
	重点推敲设计	客厅	家庭团聚、会客使用最为频繁，内外接触较多，家庭活动中心
		色彩和造型	

二是投资重点：厨房和浴厕的设施。选用易于清洁和防潮的面层材料，设置防污卫生设施，如排油烟器、热水器等。公寓、别墅重点，仍然是客厅、门厅、厨房、厕浴间，界面设计手法应丰富而富有变化。

三是利用空间：充分发挥门厅、厨房、走道、部分居室靠墙之处的空间作用。设置吊柜、壁橱，兼用折叠家具，如沙发床、翻板柜面的餐桌等。

8.1.2　居住空间类型与特征

根据国外家庭问题专家的分析，每个家庭成员在住宅中要度过一生中的三分之一时间。而一些成员如家庭主妇和学龄前儿童、老龄人在住宅中居留的时间更长，甚至达到 95%，上学子女在住宅中消磨的时光也达二分之一至四分之三。由此可见，居住空间环境对人的影响非常大。居住空间构成是由家庭活动的性质构成的，范围广泛，内容复杂，但可归纳为三种性质空间类型。

1. 群体活动空间

群体活动空间是以家庭公共需要为对象的综合活动场所，是一个与家人共享天伦之乐、与亲友联谊情感的日常聚会的空间，它不仅能适当调剂身心，陶冶性情，而且可以沟通情感，增进沟通。

家庭的群体活动主要包括团聚、视听、阅读、用餐、户外活动、娱乐及儿童游戏等内容。可以从空间的功能上根据不同需求定义出门厅、客厅、餐厅、游戏室、家庭影院等群体性质的空间。

2. 私密性空间

私密性空间是为家庭成员独自进行私密行为所设计提供的空间。它能充分满足家庭成员的个体需要，既是成人享受私密权利的禁地，亦是子女健康不受干扰的成长摇篮。设置私密空间是使家庭成员之间能在亲密之外保持适度的距离，可以促进家庭成员维系必要的自由和尊严，解除精神负担和心理压力，获得自由抒发的乐趣和自我表现的满足，避免无端的干扰，进而促进家庭情谊的和谐。私密空间包括卧室、书房、和卫生间（浴室）等处。卧室和卫生间是提供个人休息、睡眠、梳妆、更衣、沐浴等活动和生活的私密性空间，是根据个体生理和心理的差异，根据个体的爱好品位而设计的。书房和工作间是个人工作、思考等突出独自行为的空间，是针对个体的特殊需求，根据个体的性别、年龄、喜好等个别因素而设计的。完备的私密性空间具有休闲性、安全性和创造性，是让家庭成员自我平衡、自我调整、自我袒露的不可或缺的空间区域。

3. 家务工作空间

家务活动包括清洁、烹饪、养殖等琐碎工作。如不具备完善的有关家务活动的工作场地及设施，家庭主妇们必将终日忙乱，疲于应付，不仅会给个人身心招致不良影响，同时会给家庭生活的舒适、美观、方便等带来损害。家务活动以准备膳食，洗涤餐具、衣物，清洁环境，修理设备为主要范围，它所需要的设备包括厨具、操作台、清洁机具（如冰箱、冷柜、衣橱、碗柜等）。家务工作空间又可以移作家庭服务区，它为一切家务活动提供必要的空间，以使这些家务活动不致影响住宅中其他的使用功能。良好的家务工作空间可以提高工作效率，使有关的膳食调理、衣物洗熨、维护清洁等复杂事务，都能在省时、省力的原则下顺利完成。

家务工作空间的设计应当首先对每一种活动都给予一个合适的位置；其次应当根据设施、设备尺寸及使用操作的人体工学要求给予其合理的尺度；最后在可能的情况下，使用现代科技产品，使家务活动在正确舒适的操作过程中成为一种享受。

8.2 不同类型空间设计

8.2.1 门厅（玄关）

1. 功能

门厅是进门的第一个室内空间，也是从入口到其他房间的过渡空间。它会给来访者留下较为深刻的最初印象。门厅可以说是整个居室设计风格的展示和浓缩，在房间装饰中起到画龙点睛的作用。

门厅的使用功能是起缓冲作用，以免进入房间后整个客厅一览无遗，破坏了居家的私密性，同时也是人们出入家门时换鞋和整装的场所。

2. 设计

（1）门厅的类型与布局

①门厅的类型

门厅是进入门户的区域，可以是一个封闭、半封闭或开放的空间，其类型有以下几种：

一是独立式门厅。

这种门厅以独立的建筑空间存在，一般面积较大的户型或别墅，都会在入门处留出一个完全独立开阔的空间作为门厅。独立式门厅户型一般是方形、长方形较多，也有户型呈L形的，其设计依据户型而定，可自由发挥。

独立式门厅因空间较大，所以大多配有整体衣柜，所有的鞋帽衣物等都可以放到衣柜里，有的衣柜很大，收纳功能很强，不仅能放置出门的衣物，还能放置很多其他生活用品，有的衣柜拉开以后，还可以坐下换鞋。这种门厅布局大多一边是衣柜，对面是镜子，右边是门厅台等装饰，有的还可以装饰水景。独立式门厅不仅收纳功能强，装饰效果也比较好，就是需要有较大的面积。

二是通道式门厅。

这种门厅是以“直通式过道”的建筑形式存在，通道式门厅有纵向通道和横向通道两种。纵向通道是进门后向前走一段距离，再向左右拐进居室；横向通道一般一进门就是一个横向通道，进门就向左右两个方向拐。

通道式门厅一般都是在入户门正对面的地方做装饰，例如挂画、放工艺品，或装个门厅台等，这种门厅遮挡功能很强，在门口基本看不到屋里，但收纳功能较差，如过道比较宽，还可以放置鞋柜，有的只能是拐进客厅里面来挂衣服鞋帽。

三是虚拟式门厅。

这是分割客厅、餐厅或其他居室的一部分面积作为门厅，是目前居室中较常见的门厅。虚拟式门厅的设计需要根据户型结构和实际需求做出决定，如果站在门口可直视客厅的沙发、餐厅，或直视卧室门及其他不适宜被外人直接观看的区域（如卫生间），那就需要设置一个门厅遮挡一下。

虚拟式门厅主要靠隔断来遮挡外人的视线，隔断常用格局有“一”字形、“L”形及半圆形等。虚拟式门厅与其他居室界限不很明显，因为大部分虚拟式门厅就在客厅或餐厅里，所以遮挡功能及收纳功能都比不上前两种形式。

② 门厅的布局

门厅的主要功能是遮挡外界视线及更换衣物等。遮挡一般采用隔断形式，但这种遮蔽要有一定的通透性，可用木质、玻璃或珠帘等材料，在视觉上划分隔离空间，最成功的门厅设计是既能起到遮蔽作用又能保证通风及光线。

门厅的装修有硬装饰和软装饰之分。硬装饰门厅又分为全隔断和半隔断。全隔断是由地至顶，一般纵向或横向间断性遮挡，中间有缝隙；半隔断的下面是实的，上半部分是通透或半通透的，常见的是半柜式隔断，下面是鞋柜或杂物柜，上面是半透明的玻璃隔断，虽然上面部分也是到顶，但由于在视觉上是半隔断的，所以还是归属于半隔断。

软装饰门厅的形式是门厅与客厅或餐厅连为一体，通过采用不同颜色或形状的材质进行区域处理的方法，来区分这两个功能区。

（2）门厅的色彩

门厅吊顶宜高不宜低，色调宜淡不宜重；墙壁色彩应与居室风格相同，局部可用木板、壁纸或是石材装饰。门厅地面装饰是一个亮点，可用多种石材点缀。门厅地面色彩最深，墙壁稍浅，吊顶最浅，一般为白色，这样由深至浅的色调过渡较为和谐。门厅一般没有窗户，光线较暗，整体色彩不宜太深，并注意灯光的配备。

（3）门厅的装饰

在满足实用功能的前提下，如果面积宽敞，可设计出装饰风格各异的门厅。对于小户型来说，进门处的门厅空间都比较狭窄，所以多以虚实结合的手法来弥补空间的不足，一般在装饰风格上力求简洁，通常是用通透性较好的材料或灵活性的饰品来点缀空间，只要精心设计，构思巧妙，也能取得良好的装饰效果。

① 材料装饰。门厅装修的材料多种多样，目前常用的材质有木质、玻璃、不锈钢、石材等，一般门厅的墙面是用乳胶漆或墙纸，面积大的门厅可以在墙面上用木材、麻藤、石材作局部装饰；门厅地面一般铺设石材。用不锈钢、玻璃等材质做出来的门厅展示了简洁现代家居风格，而石材、木材、藤竹等材质做出来的门厅展示的是田园家居风格。

② 隔断装饰。一般虚拟式门厅需要隔断，通过隔断起到遮挡的作用，如果地方大、有单独鞋柜和衣柜，那这种隔断就完全可以做成装饰式的。隔断的款式多种多样，常常采用屏风、多宝格、展示柜等方式。门厅隔断的装饰材料也很多种多样，如木材、藤、竹、铁艺、玻璃、珠帘、草绳等。总体来说，隔断分为以下几种形式：

一是低柜隔断式。

以低柜家具作为空间隔断，上部通透，这样的形式既能满足空间的隔断功能又能满足物品的收纳功能，但是遮挡功能欠佳。

二是半柜半架式。

以下半部为鞋柜或储物柜，上部多为通透格架做装饰，有的用镜面、挑空或透明酒柜的造型，还有的选用博古架等造型，同时还有把玻璃和格栅结合起来作隔断装饰的，既体现玻璃的通透性，又不忘格栅的隐蔽性，突出了门厅的装饰功能。

三是格栅围屏式。

多采用各种花格图案的镂空木格栅或是现代感极强的设计屏风来作为空间隔断，全镂空的窗格或镶嵌有毛玻璃或重视镂空雕花木屏风，都介乎在隔与不隔之间，既延伸了视线，又起到了半遮挡的作用，还营造出古朴风雅的装饰效果。

四是玻璃隔断式。

用整面玻璃或多条玻璃组成，大面积的玻璃固定在不锈钢或木架上，玻璃的厚度规格在 58 毫米以上，仿水纹玻璃、压花玻璃、喷砂彩绘玻璃或磨花造型艺术玻璃等做隔断材料，使空间富有变化又不失艺术意味，清爽透亮，既有遮挡功能，透光效果也好，展示了简约时尚的现代装饰风格。

五是布艺、纱帘、珠帘、草编等隔断。

珠帘遮挡功能不是很强，给人一种若隐若现的感觉，别有意境。以绳子、草编的形式做成悬挂帘，展示了回归大自然的感觉。

③家居装饰。门厅虽然只占居室空间的一角，却对整个居室的风格起到至关重要的作用，对门厅的装饰除了用隔断，还可以后期通过家具和饰品来实现。门厅家具的选择除了要考虑实用性，同时也要考虑装饰性。可选用的家具主要包括门厅台桌、条案、衣帽架、鞋柜、镜子等。

④绿化及工艺品装饰。摆放植物、水景能起到很好的装饰作用。放上观叶植物及花卉，能给门厅带来生气，但要注意以不阻碍人们视线和出入为宜。面积大的门厅也可兼做休闲区，放置藤椅或长凳，配鲜花绿植，或配以小桥流水和卵石小径，潺潺的流水与植竹相映成趣，一派曲径通幽的意境。

屏风、地毯、装饰画、镜子、花器等工艺品，都能丰富整个门厅的装饰效果。在墙面或台桌、柜子上放置一件精美的工艺品，也能起到画龙点睛的效果。

（4）门厅的照明

选用与室内整体造型风格相一致的照明灯具，避免眩光。

3. 常用尺度

以下是门厅设计常用的人体尺度（图 8-2-1）。

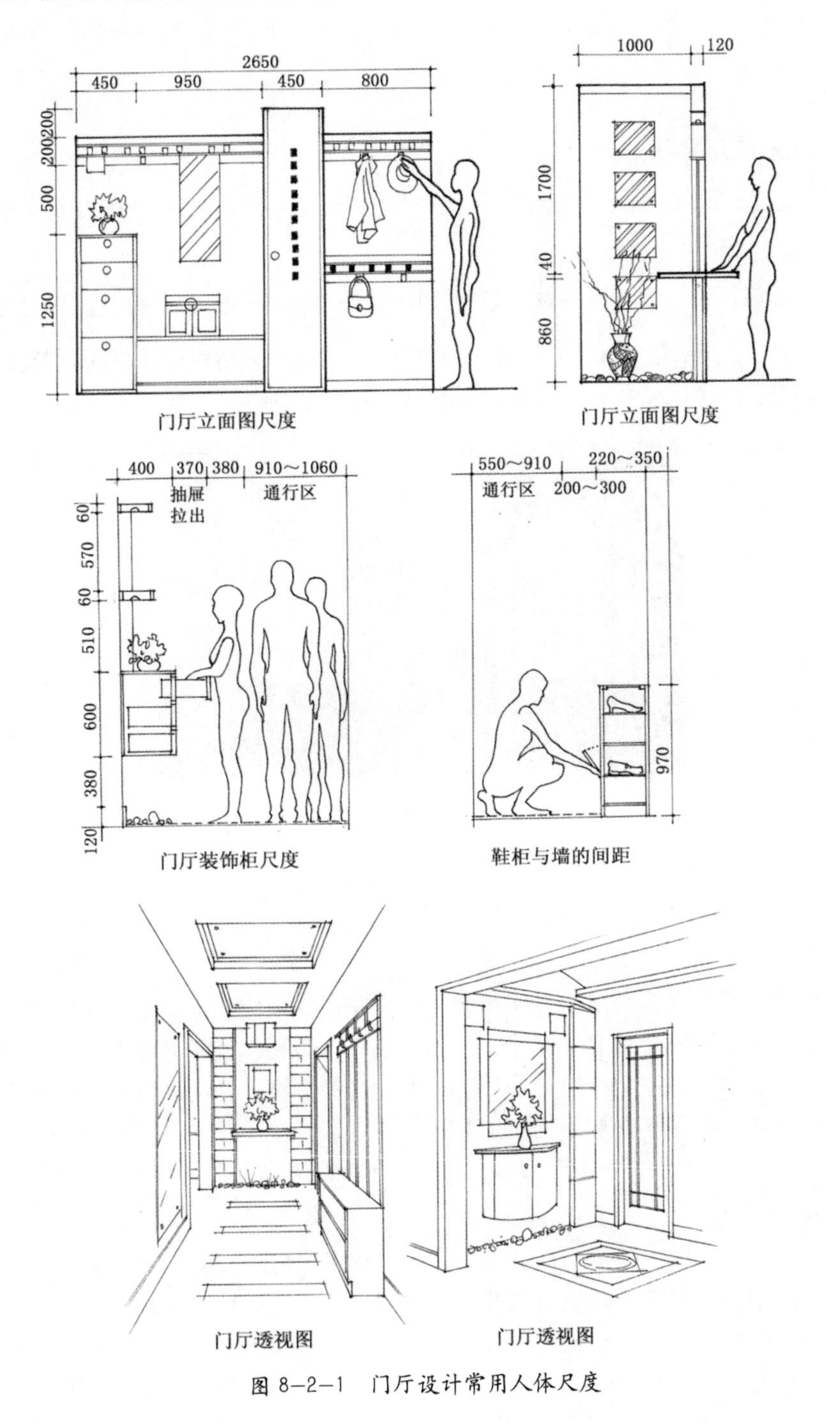

图 8-2-1　门厅设计常用人体尺度

4. 配套家具

门厅设计及家具的选择首要的是实用，选择门厅家具先要考虑收纳功能，再考虑装饰功能。通常设有衣架、鞋柜、衣柜、镜子以及可供换鞋的坐柜和存放雨具及其他物品的设备。简易的门厅处理可以在门厅与客厅之间设置一块隔板或屏风，如果隔板和屏风同时具有衣帽柜的功能为最佳。

隔板和屏风一般有通顶和不通顶（半截）两种，形式通常有一字形、弧形、直角形等。

5. 装修注意事项

第一，在门厅面积允许的情况下，为了方便用户，尽量在换鞋的地方安放一个鞋凳。

第二，门厅设计要注意通透，避免影响自然采光及通风，以保持气流畅通无阻。

第三，门厅流动量较大又是内外交替的场合，因此地面材料的选择既应考虑舒适、美观，同时也应考虑持久、耐用又易于清理（图 8-2-2）。

图 8-2-2　门厅设计

8.2.2　客厅

1. 功能

客厅是体现住宅多功能的空间场所，也是联系各个使用空间的场所。因此，客厅空间设计一定要满足休息、文娱、会客、谈心、团聚、就餐等多方面的要求，又是接待客人、对外联系交往的社交活动空间。进一步讲，客厅的设计就是充分体现人们对生存空间物质与精神层面上的要求。

2. 设计

客厅是人们日间主要活动区域之一，平面图布置应按照会客、娱乐、学习等功能进行区域划分。另外，功能区域的划分与其通道应避免相互干扰。客厅装修是家庭装修的重中之重，装修的原则是：既要实用，也要美观，相比之下，美观更重要。具体的原则有以下几点：

（1）风格要明确

客厅是家庭住宅的核心区域，现代住宅中，客厅的面积最大，空间是开放性的，地位也最高，它的风格基调往往是家居格调的主脉，把握着整个居室的风格。

因此确定好客厅的装修风格十分重要。可以根据自己的喜好选择传统风格、现代风格、混搭风格、中式风格或西式风格等。客厅的风格可以通过多种手法来实现，如吊顶设计及灯光设计，还有就是后期的配饰，其中色彩的不同运用更适合表现客厅的不同风格，突出空间感。

（2）个性要鲜明

如果说厨卫的装修是主人生活质量的反映，那么客厅的装修则是主人的审美品位和生活情趣的反映，讲究的是个性。厨卫装修可以通过装成品的“整体厨房”“整体浴室”来提高生活质量和装修档次，但客厅必须有自己独到的东西。不同的客厅装修中，每一个细小的差别往往都能折射出主人不同的人生观及修养、品位，因此设计客厅时要用心，要有匠心。个性可以通过装修材料、装修手段的选择及家具的摆放来表现，但更多的是通过配饰等“软装饰”来表现，如工艺品、字画、坐垫、布艺、小饰品等，这些更能展示出主人的修养。

（3）分区要合理

客厅要实用，就必须根据使用者的需要，进行合理的功能分区。如果家人看电视的时间非常多，那么就可以视听柜为客厅中心，来确定沙发的位置和走向；如果不常看电视，客人又多，则完全可以会客区作为客厅的中心。客厅区域划分可以采用“硬性划分”和“软性划分”两种办法。软性划分是用“暗示法”塑造空间，利用不同装修材料、装饰手法、特色家具、灯光造型等来划分。如通过吊顶从上部空间将会客区与就餐区划分开来，地面上也可以通过局部铺地毯等手段把不同的区域划分开来。硬性划分是把空间分成相对封闭的几个区域来实现不同的功能。主要是通过隔断、家具的设置，从大空间中独立出一些小空间来。家具的陈设方式可以分为两类——规则（对称）式和自由式。小空间的家具布置宜以集中为主，大空间则以分散为主。

（4）重点要突出

客厅有顶面、地面及四面墙壁，因为视角的关系，墙面理所当然地成为重点。但四面墙也不能平均用力，应确立一面主题墙。主题墙是指客厅中最引人注目的一面墙，一般是放置电视、音响的那面墙。在主题墙上，可以运用各种装饰材料做一些造型，以突出整个客厅的装饰风格。目前使用较多的如各种毛坯石板、木材等。主题墙是客厅装修的“点睛之笔”，有了这个重点，其他三面墙就可以简单一些，“四白落地”即可，如果都做成主题墙，就会给人杂乱无章的感觉。顶面与地面是两个水平面。顶面在人的上方，顶面处理对空间起决定性作用，对空间的影响要比地面显著。地面通常是最先引人注意的部分，其色彩、质地和图案能直接影响室内观感。

3. 常用尺度

以下是客厅设计常用的人体尺度（图 8-2-3）。其中：影视墙是客厅的中心，电视柜的高度一般在 400 ~ 600mm，放置背投彩电的地台高度一般在 120mm 左右。

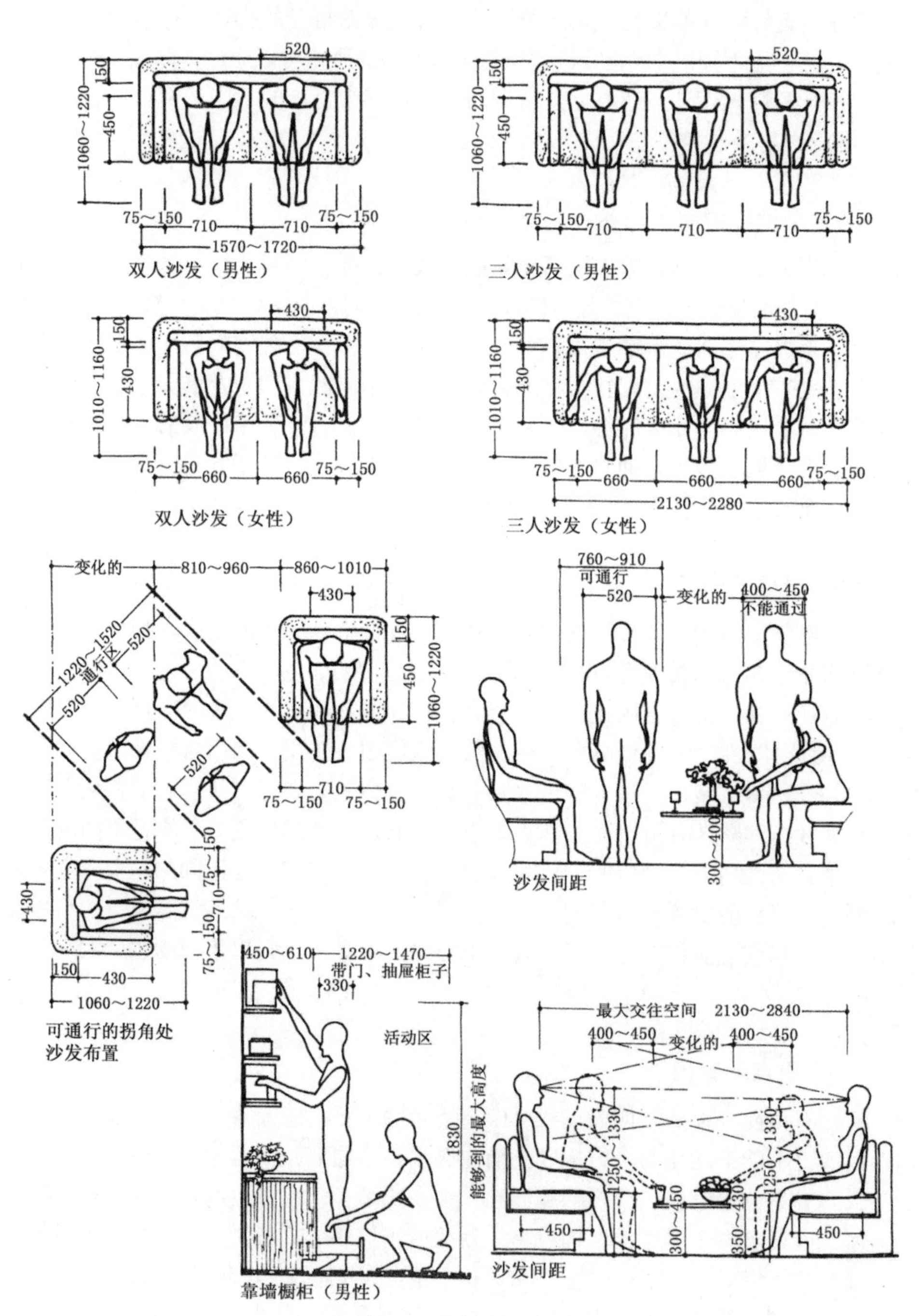

图 8-2-3　客厅设计常用人体尺度

4. 配套家具

对客厅家具最基本、最低限度的要求是包括茶几在内的一组休息、谈话使用的座位（一般为沙发），以及相应的，诸如电视、音响、书报及音视资料、饮料及用具等设备用品，其他要求就要根据客厅的单一或复杂程度，增添相应家具设备。多功能组合家具，能存放多种多样的物品，常为客厅所采用。客厅家具布置应做到简洁大方，突出以谈话区为中心的重点，排除与客厅无关的一切家具，这样才能体现客厅的特点。客厅家具布置形式很多，一般以长沙发为主，排成“一”字形、“I”形、“U”形和双排形，同时应考虑多座位与单座位相结合，以适合不同情况下人们的心理需要和个性要求。

现代家具类型众多，可按不同风格采用对称形、曲线形或自由组合形的形式布置。不论采用何种方式，均应布置得有利于彼此谈话的方便。一般采取谈话者双方正对坐或侧对坐为宜，座位之间距离一般保持 2m 左右，这样的距离才能使谈话双方不费力。为了避免对谈话区的各种干扰，室内交通路线不应穿越谈话区，门的位置宜偏于室内短边墙面或角隅，谈话区位于室内一角或尽端，以便有足够墙面布置家具，形成一个相对完整的独立空间区域。

5. 装修注意事项

客厅内的墙面、天花板一般即为建筑围护构件本身，如砖墙、钢筋混凝土板。目前装饰面层常用人造涂料、乳胶漆等耐磨和易洗的表面。其次就是墙纸，可以遮盖裂缝和瑕疵，高级织物墙纸具有吸声的效果。软木饰也是一种耐用的壁饰，可保持温暖，能吸声，但价格较贵。

天花板对房间的温度、声学、照明都有影响，选择时更应注意，如高天花显得冷，低天花显得暖，白色天花使室内得到更多的反射光，吊顶天棚有利于更好地隔声。此外，天花由于其无遮盖性，可以发挥更好的装饰效果（图 8–2–4）。

图 8–2–4　客厅室内设计

地面要考虑安全、安静、防寒及美观等要求。因此，宜用木地板或地毯等较为亲切的装修材料，有时也可采用硬质的木地和石材相结合的处理办法，组成有各种色彩和图案的区域来限定和美化空间。虽然软质地有吸声的功效和柔和、温暖的感觉，对兼有视听功能要求的客厅较为有利，但软质地面不易清洁保养。

总体而言，装修有以下几个注意事项：

第一，应根据功能及面积来进行空间区划及平面布置。

第二，应考虑住户的不同需求、生活习惯等多种因素。

第三，地面宜采用地毯、地板、同质砖和石材等。

第四，顶面、墙面的设计宜采用墙纸和喷涂、喷漆及其他人工材料或天然材料等。

第五，宜设置空调装置并有良好的通风。

8.2.3 餐厅

1. 功能

餐厅是居家生活环境中体现温馨、美满、团聚的重要功能空间，是家庭成员在品尝美味佳肴的同时享受生活乐趣并彼此交流情感的区域。

2. 设计

餐厅的布局是由餐桌、餐椅、酒柜、储藏柜（架）等组合而成。布局中应注意空间的尺度关系，即以空间的大小为原则，以保证人们的活动和穿行的便利与舒适。

就餐环境的色彩配置，对人们的就餐心理影响很大。一是食物的色彩能影响人的食欲。二是餐厅环境的色彩也能影响人们就餐时的情绪。

餐厅的色彩因个人爱好和性格不同而有较大差异。但总的说来，餐厅色彩宜以明朗轻快的色调为主，最适合用的是橙色以及相同色相的姐妹色。这两种色彩都有刺激食欲的功效。它们不仅能给人以温馨感，而且能提高进餐者的兴致。整体色彩搭配时，还应注意地面色调宜深，墙面可用中间色调，天花板色调则宜浅，以增加稳重感。在不同的时间、季节及心理状态下，人们对色彩的感受会有所变化，这时，可利用灯光来调节室内色彩气氛，以达到利于饮食的目的。家具颜色较深时，可通过明快清新的淡色或蓝白、绿白、红白相间的台布来衬托。桌面配以绒白餐具，可更具魅力。

例如，一个人进餐时，往往显得乏味，可使用红色桌布以消除孤独感。灯具可选用白炽灯，经反光罩以柔和的橙黄光映照室内，形成橙黄色环境，消除死气沉沉的低落感。冬夜，可选用烛光色彩的光源照明，或选用橙色射灯，使光线集中在餐桌上，也会产生温暖的感觉。

餐厅的照明设计既能升华设计，也能破坏设计；既可以突出餐厅的特色、氛围，也可以暴露餐厅的缺陷。在设计餐厅照明时需要注意其艺术性和功能性，单纯追求一个层面是不行的。餐厅的照明，要求色调柔和、宁静，有足够的亮度，不但使人能够清楚地看到食物，而且能与周围的环境、家具、餐具相匹配，构成一种视觉上、整体上的美感。

在餐厅里，往往吊灯是灯光的焦点。一般将它安装在餐桌正上方，作为一个装饰性组件，它可以提升整体装修的美感。嵌入式或轨道式灯具可提供一般照明，同时也能强调被照物品。嵌入式筒灯可以作为桌面上方吊灯的补充性灯光，也为桌面上的餐具提供了重点照明。

在餐厅，主要光源最常用的是悬挂吊灯，最好的位置是人坐下时不刺眼。灯光以接近日光的节能灯为主，要求明亮、柔和、自然，也可以根据个人要求选择那种可以调整高度的吊灯，如此一来，才能在招待朋友聚餐时，于餐桌上制造出亲密氛围。

餐厅的间接光源一般为天花板的暗藏灯照明，与主灯的亮度比例为 1 ∶ 3，配合主灯来照射空间，使空间区域感更强。要在突出主要光源的前提下，有次序地安排好光影。

餐厅内的直接光源，包括酒柜、装饰画、饰品所带的灯，主要是直接照向餐厅的家具或饰品，达到烘托物品的特殊效果。

3. 常用尺度

设计用餐环境要注意餐桌、餐椅所占的空间，长度尺寸不能小于 2 100 mm。依据各房型的结构差异，餐厅的类型可分为独立型餐厅和开放型餐厅（与相应的厨房、客厅、门厅等空间相连的空间）。餐厅既可以单独设置，也可以设在厨房的一侧，就餐区域尺寸必须考虑人们的来往、端饭、上菜等行动空间（图 8-2-5、图 8-2-6）。

图 8-2-5　餐厅室内设计

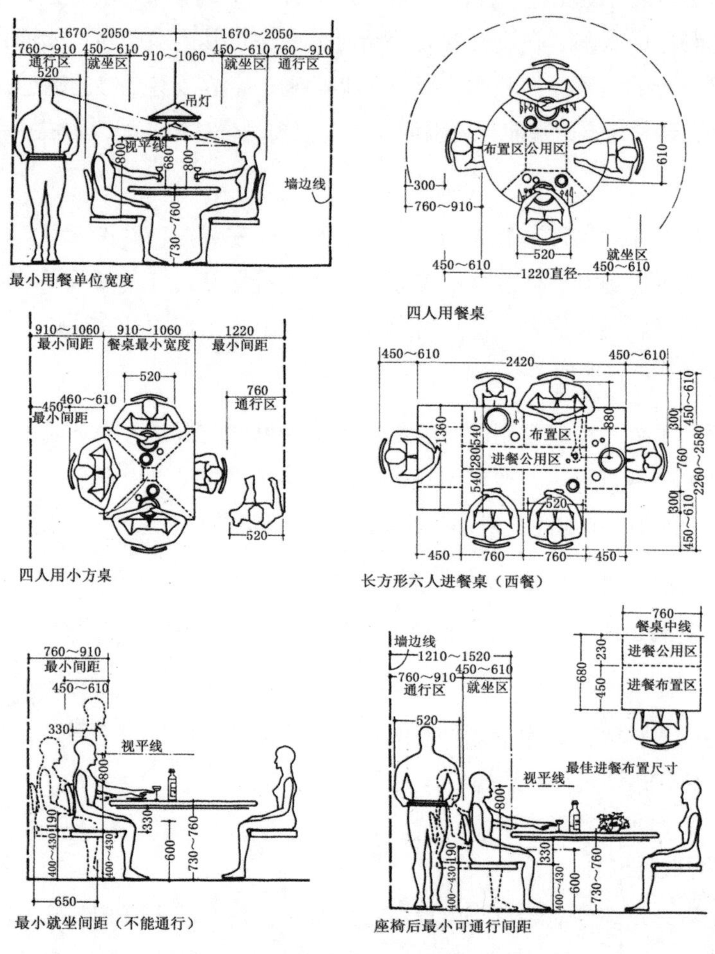

图 8-2-6　餐厅室内设计常用人体尺度

8.2.4 卧室

1. 功能

卧室是居室空间的重要组成部分之一，是提供人们充分休息并享受美好生活的舒适而典雅的空间环境。卧室是供睡眠并进行私密活动及贮藏衣物的场所，空间布局一般可分为睡眠、休闲、贮藏、化妆、阅读等区域。

2. 设计

卧室布置的好坏，直接影响到人们的生活、工作和学习，所以卧室也是家庭装修设计的重点之一。卧室设计时首先注重实用，其次才是装饰。具体应把握以下原则:

（1）保证私密性

私密性是卧室最重要的属性，它不仅仅是供人休息的场所，还是夫妻情爱交流的地方，是家中最温馨与浪漫的空间。卧室要安静，隔音要好，可采用吸音性好的装饰材料；门上最好采用不透明的材料完全封闭。有的设计中为了采光好，把卧室的门安上透明玻璃或毛玻璃，这是值得商榷的。

(2) 使用要方便

卧室里一般要放置大量的衣物和被褥，因此一定要考虑储物空间，不仅要大而且要使用方便。床头两侧最好有床头柜，用来放置台灯、闹钟等随手可以触到的东西。有的卧室功能较多，还应考虑到梳妆台与书桌的位置安排。

(3) 装修应简洁

卧室属私人空间，不向客人开放，所以卧室装修不必有过多的造型，通常也不需吊顶，墙壁的处理越简洁越好，通常刷乳胶漆即可，床头上的墙壁可适当做点造型和点缀。卧室的壁饰不宜过多，还应与墙壁材料和家具搭配得当。卧室的风格与情调主要不是由墙、地、顶等硬装修来决定的，而是由窗帘、床罩、衣橱等软装饰决定的，它们面积很大，它们的图案、色彩往往主宰了卧室的格调，成为卧室的主旋律。

(4) 色调应和谐

卧室色调由两大方面构成，装修时墙面、地面、顶面本身都有各自的颜色，面积很大；后期配饰中窗帘、床罩等也有各自的色彩，并且面积也很大。两者的色调搭配要和谐，要确定出一个主色调，比如墙上贴了色彩鲜丽的壁纸，那么窗帘的颜色就要淡雅一些，否则房间的颜色就太浓了，会显得过于拥挤；若墙壁是白色的，窗帘等的颜色就可以浓一些。窗帘和床罩等布艺饰物的色彩和图案最好能统一起来，以免房间的色彩、图案过于繁杂，给人凌乱的感觉。另外，面积较小的卧室，装饰材料应选偏暖色调、浅淡的小花图案。老年人的卧室宜选用偏蓝、偏绿的冷色系，图案花纹也应细巧雅致；儿童房的颜色宜新奇、鲜艳一些，花纹图案也应活泼一点；年轻人的卧室则应选择新颖别致、欢快、轻松的图案。如房间偏暗、光线不足，最好选用浅暖色调。

(5) 照明要讲究

在卧室中尽量不要使用装饰性太强的悬顶式吊灯，它不但会使你的房间产生许多阴暗的角落，也会在头顶形成太多的光线，躺在床上向上看时灯光还会刺眼。最好采用向上打光的灯，既可以使房顶显得高远，又可以使光线柔和，不直射眼睛。除主要灯源外，还应设台灯或壁灯，以备起夜或睡前看书用。另外，角落里设计几盏射灯，以便用不同颜色的灯泡来调节房间的色调，如黄色的灯光就会给卧室增添不少浪漫的情调。

3. 常用尺度

辅助功能的家具及陈设布局要结合卧室的平面尺寸、门窗及采暖设备、空调等固定的位置，在确保家具使用功能外，注意可活动区域和出入通道的尺度，活动区域的宽度尺寸应在 1 200 mm 左右，出入通道的尺寸不能小于 600 mm（图 8-2-7）。

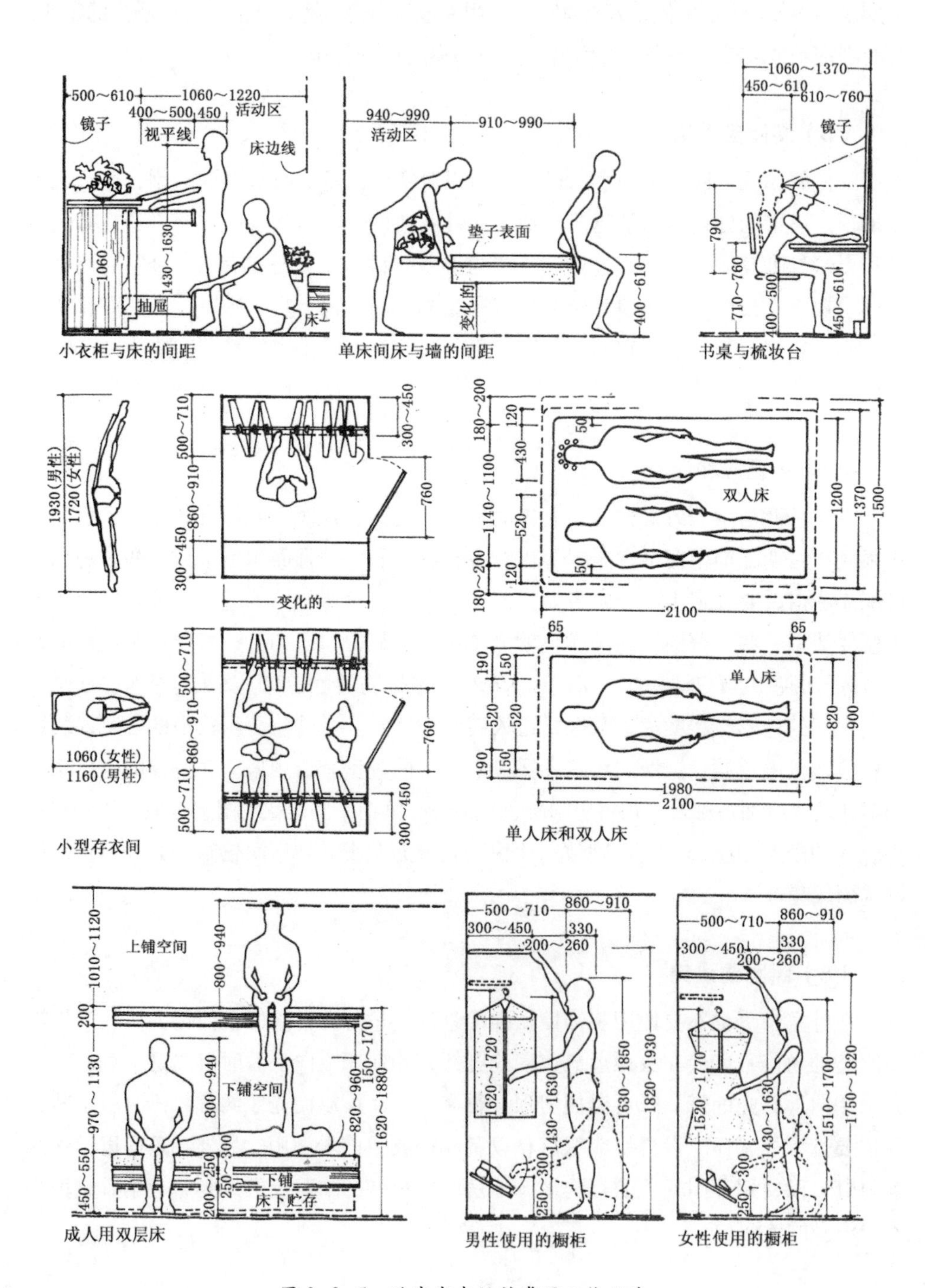

图 8-2-7　卧室室内设计常用人体尺度

4. 装修注意事项

第一，床头靠墙摆放，床头位置要避风，特别要注意空调摆放位置，还要注意保护隐私，床头位置尽量避开人站在门口的视线。

第二，卧室是人们休息、睡眠的地方，卧室布置注意不宜繁琐，可在符合方便使用的前提下做适当的装饰，卧室家具的布置要简洁，过道及空间应通顺流畅。

第三，卧室是放松休闲的地方，色彩切不可太鲜艳，过于浓重的色彩使人情绪紧张，得不到很好的休息（图 8-2-8、图 8-2-9）。

图 8-2-8　主卧室室内设计 1

图 8-2-9　主卧室室内设计 2

8.2.5 儿童房

1. 功能

儿童房是孩子从出生到成年之前生活的地方，功能性比较强，是一个孩子成长的地方。孩子在这里不仅仅是睡觉，儿童房要具备娱乐、学习和储物等功能。

2. 设计

儿童房家具摆放要平稳坚固，玻璃等易碎物品应放在儿童够不着的地方，近地面电源插座要隐蔽好，防止触电。

儿童房的色彩应丰富多彩，活泼新鲜，简洁明快，家具要少而精，合理巧妙地利用室内空间。最好是多功能、组合式的。家具应尽量靠墙壁摆放，以扩大活动空间。书桌应安排在光线充足的地方，床要离开窗户。常用的玩具和书籍最好放在开放式的架子上。

家具的高低要适合儿童的身高，色彩明朗艳丽。室内若放置几盆绿叶鲜花，墙上挂些符合孩子情趣爱好的画和挂件，会更有利于儿童的身心健康。

（1）儿童房的布局

儿童房采光好很重要。房间最好是向阳的，如果是背阴的房间，房间的照明度一定要高于成年人的卧室。书桌的灯具光线要柔和、均匀，充足的照明能使房间更温暖，也能让孩子有安全感。

儿童房的面积一般都不太大，通常分为睡眠、储物、学习与娱乐几个主要功能区域。

一般居室装修的周期在十年左右，而孩子是不断成长的，所以父母在装修前要考虑周全，留出足够的空间，在孩子成长后，能将儿时的娱乐区改为学习区，并考虑好以后摆放书柜和桌椅的地方，台灯和电脑的电源、插座、线路这些也都要预先考虑好。

（2）儿童房的色彩

儿童房适用鲜艳轻松的色彩，活泼的卡通图案，具有童话式意境，营造活泼、轻松的氛围，让孩子在自己的小天地里快乐地学习生活。

3. 配套家具

儿童房的面积一般较小，一般家具都是组合放置，儿童家具款式很多可以适用于各种户型，也有适用于各种年龄段的孩子的家具。

4. 装修注意事项

第一，婴幼儿期的孩子视力尚未发育成熟，为孩子的房间购置灯具的时候，一定要避免直接光源。如果已经设计了直接光源，应换成磨砂灯泡，以免损伤孩子的视力。

第二，地板不要太硬，也不要太光滑。孩子们大多喜欢奔跑嬉戏，容易滑倒、摔伤。最好不要铺地毯，因地毯容易滋生螨虫，对孩子的健康不利。如果需要铺设，必须经常清洗。

第三，墙壁阳角（即转角）处，应做好护角，防止活泼好动的孩子碰伤或者擦伤。

第四，近几年的新户型，窗户普遍离地较低，因此，最好在 1 ~ 1.5m 高的地方做好护栏，防止好奇心强的孩子爬到窗户上去。

第五，孩子的床应以木板床和棕绷床为宜，较为柔软的床，会影响孩子正在发育的骨骼成形。

第六，用卡通图案装饰孩子房间并非多多益善，应注意协调，适可而止，太多太乱的图案反而会造成孩子视觉混乱。

第七，用材环保是首要考虑因素，随着孩子年龄的增长，房间的布置要点也会有所变化。需要布置绿色植物，使他们能与自然亲近。园林专家表示，在培养孩子动手、动脑的同时，通过布置绿色植物还可以启发他们探索自然奥秘的兴趣。儿童房布置绿色植物以有趣味性、知识性和探索性的植物为主体，可以盆栽一些观叶植物，如球兰、鹤望兰、彩叶草和蒲苞花等。但专家也提醒，在儿童房里，各种有刺的仙人掌和多肉类植物并不适宜摆放，因为这些植物容易导致发生危险，而天竺葵、含羞草和石蒜等，接触过多也会引起孩子身体不适。

第八，安全性是儿童房设计时需考虑的重点之一。建议室内最好不要使用大面积的玻璃和镜子；家具的边角和把手应该不留棱角和锐利的边；地面上也不要留有磕磕绊绊的杂物。电源是儿童房安全性要考虑的另一方面，要保证儿童的手指不能插进去，最好选用带有插座罩的插座，以杜绝一些不安全因素。

第九，购买儿童家具时应选那些能使孩子从小用到大的家具。我们不能给 5 岁的孩子买 20 岁青年的衣服，但可以给孩子买一张可以用到 20 岁的床。家具的颜色不要太鲜艳，以中性色调为好，这样可以适合孩子不同年龄段；书桌、椅子的高度最好可调，不仅可以使其使用长久，更对孩子的用眼卫生及培养正确的坐姿及孩子的脊椎发育有益；不同年龄孩子对床垫的要求都不相同，要选择一张会“长大”的床垫给孩子，青少年成长床垫可以通过内材结构的密度分布及使用方法的转换调整，从而达到一张床垫可让 1~18 岁的人群均可使用。

8.2.6 书房

1. 功能

书房是居住空间中私密性较高，最能体现人们个性、爱好、职业特点的空间，是人们基本居住条件高层次的要求，是阅览、书写工作和密谈的空间。要求安静，具有良好的物理、视觉和采光环境。

2. 设计

书房的设置要考虑朝向、采光、景观、私密性等多项要求，以保证书房优良的环境质量。故此，书房位置设置应注意：

第一，适当偏离活动区，如客厅、餐厅，避免干扰。

第二，远离厨房、储藏间等家务用房，以便保持清洁。

第三，与儿童卧室保持距离，避免喧闹。

第四，设置在南向、东南向、西南向，阳光充足。忌朝北。

书房的布置形式与使用者的职业有关，不同的职业工作的方式和习惯差异很大，应具体问题具体分析。书房可以划分出工作区域、阅读藏书区域两大部分。工作和阅读是空间的主体，应在位置、采光上给予重点处理。尽量布置在空间的尽端，避免交通的影响，保持安静。朝向要好，采光要充足，人工照明设计合理，保持良好视觉要求。与藏书区域联系快捷、方便。藏书区域要有较大的展示面，以便主人查阅，特殊的书籍还有避免阳光直射的要求。为了节约空间、方便使用，书籍文件陈列柜尽量利用墙面来布置。有些书房还应设置休息和谈话空间。在不太大的空间内满足这些要求，必须在空间布局上下工夫，根据不同家具的不同作用巧妙合理地划分出不同的空间区域，达到布局紧奏、主次分明。

书房是一个工作空间，但绝不等同于一般的办公室，要和整个家居的气氛相和谐，同时又要巧妙地应用色彩、材质变化以及绿化等手段，来创造出一个宁静温馨的工作环境。在家具布置上它不必像办公室那样整齐干净，以表露工作作风之干练，而要根据使用者的工作习惯来布置摆设家具、设施甚至艺术品，以体现主人的爱好与个性，书房和办公室比起来往往杂乱无章，缺乏秩序，但却富有人情味和个性（图8-2-10）。

图 8-2-10　书房室内设计

3. 常用尺度

书房的家具设施包括以下几种：

书籍陈列类：书架、文件柜、博古架、保险柜等。其尺寸以最经济实用及使用方便为参照来设计选择。

阅读工作台面类：写字台、操作台、绘画工作台、电脑桌、工作椅。

附属设施：休闲椅、茶几、文件粉碎机、音响、工作台灯、笔架、电脑等。

藏书及陈列的家具可以根据使用者所贮存、摆放物品的大小多少来决定尺度规格，藏书柜和陈列架的尺寸应为 300 ~ 400 mm。书房家具布置一般要根据具体的位置去设计和研究尺度问题（图 8-2-11）。

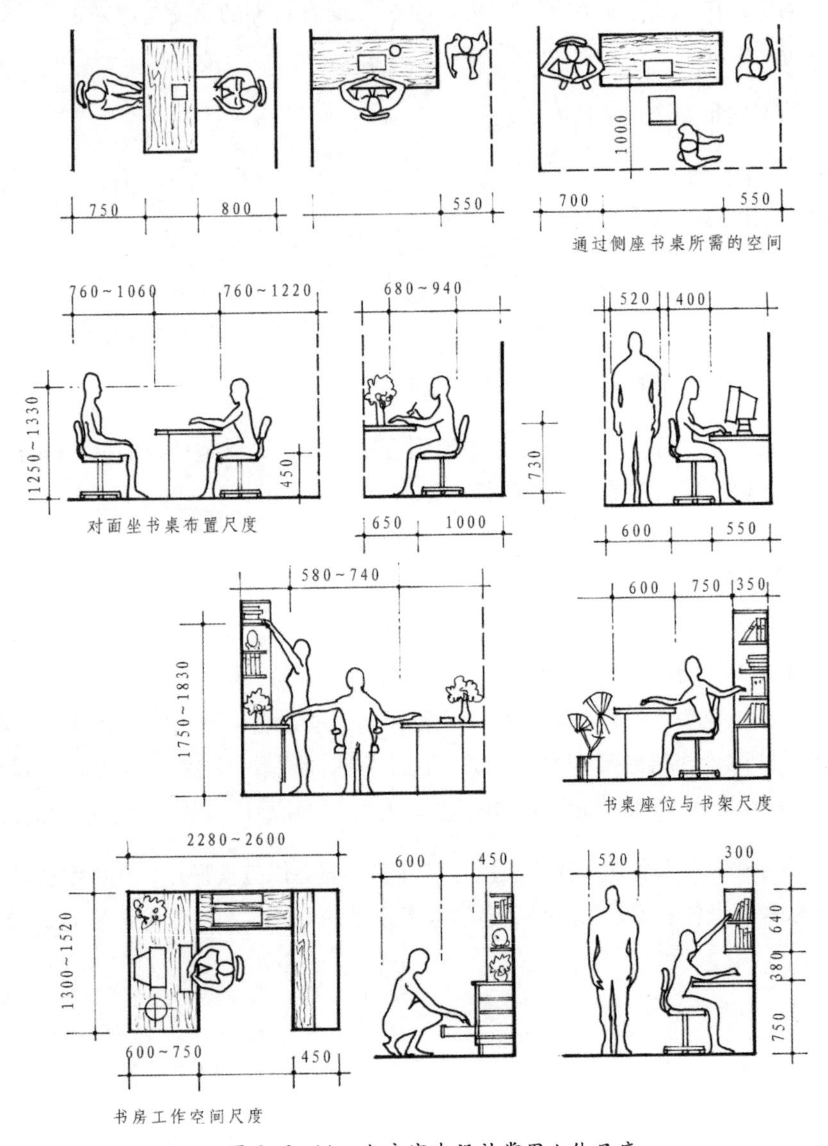

图 8-2-11　书房室内设计常用人体尺度

8.2.7 厨房

1. 功能

设计目的是洁净明亮，操作方便，通风良好。厨房功能大致有烹饪、备菜、清洗、贮物等。各种功能结构必须合理地组合在操作台面上以及贮物柜（吊柜）中。

2. 设计

在厨房操作的基本顺序为洗涤—配制—烹饪—备餐。不同区域各自有设计要求。基本设施包括洗涤盆、操作台（切菜、配制）、灶具（煤气灶具、电灶）、微波炉、排油烟机、电冰箱、储物柜等。烹饪区域照明要有较高的照度，强力的抽油烟设备和灶具，周围的电烤箱、微波炉、电源插座要保证有足够的负荷与绝对的安全。注意灯具的防潮处理。

厨房的平面布置形式包括以下几种：

第一，“U”形布置。厨房开间为 2.7~3 m，相对距离在 1.5m 左右，较大的开间还可增设岛形柜桌。

第二，“L”形布置。开间为 2.1~2.4 m，按冰箱—桌柜—清洗池—案台布置走廊式平面，应有 1.2~1.5 m 距离。清洗台、案台、灶具在一边，冰箱与贮存柜在另一边。

第三，“一”字形布置。开间 1.8 m 即可。洗池在中间。

界面处理要求防水，易清洗。其中地面可用陶瓷类同质地砖；墙面用防水涂料或面砖；顶部白面用防水涂料、塑胶板、铝合金板等。

3. 常用尺度

应充分根据人体工程学设施前后左右的顺序和上下高度的配置。操作台的高度（对于亚洲人）应设在 700 ~ 800 mm，较为符合人体的平均尺度。清洗区域要设有不锈钢水槽、水龙头，并配有洗碗机、垃圾箱，这些设备应在清洗区周围。贮藏区应设有工具储藏、调料储藏、炊具储藏、食品冷冻储藏等。贮物空间置物最高尺度应不超过 1 900 mm，最低不能低于 120 mm。总之一切物品均应放在最易取到的部位。

厨房设备及家具布置应按照烹调操作顺序来布置，以方便操作，避免走动过多。平面布置除考虑人体和家具尺度外，还应考虑家具的方便性和科学性（图 8-2-12）。

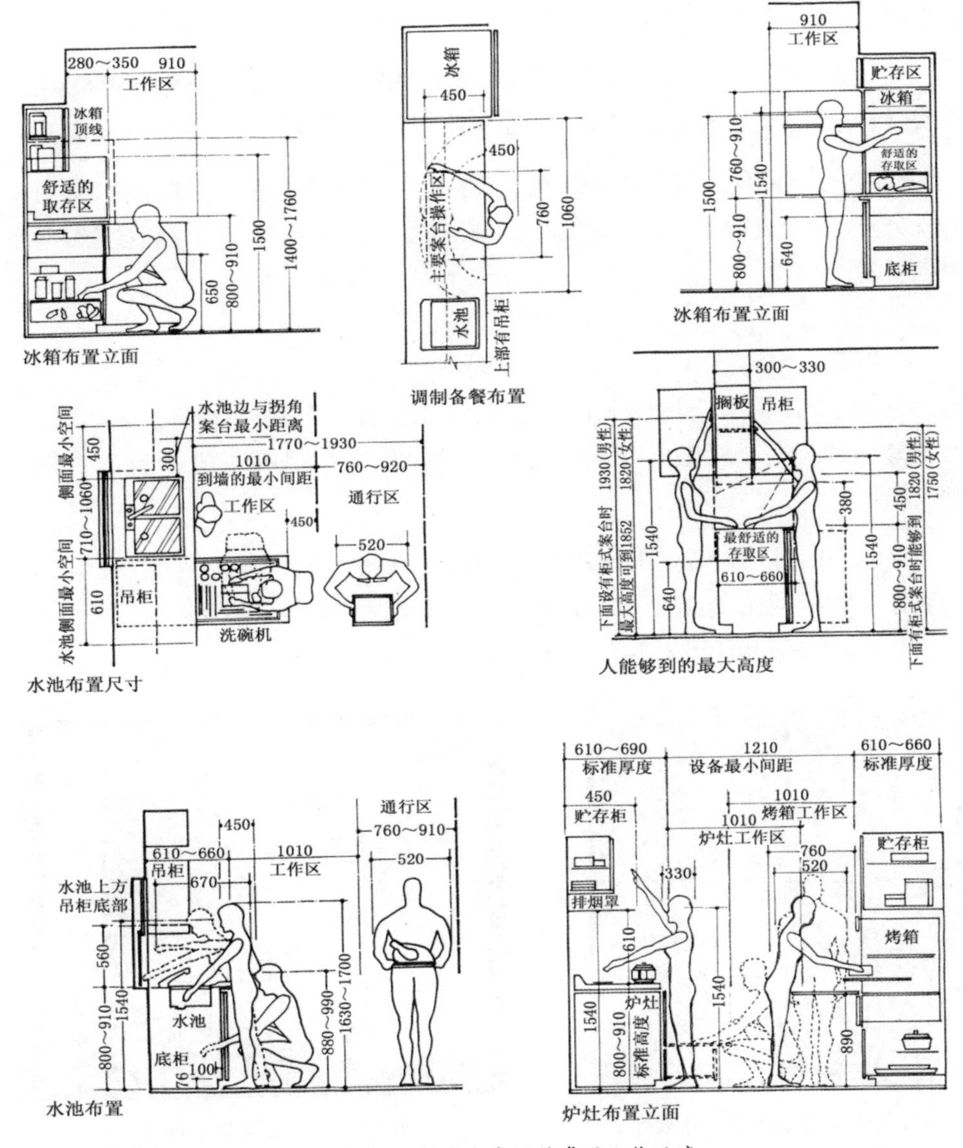

图 8–2–12　厨房室内设计常用人体尺度

8.2.8　卫生间

1. 功能

卫生间是住宅中功能最多、使用最频繁、具有较高秘密性的卫生环境空间。卫生间是最能反映家庭生活质量的环境之一，因此越来越受到人们的重视。

卫生间往往是集淋浴、盥洗、化妆、如厕及更衣和洗衣等多种功能为一体的综合性的私密空间，其布局形式、照明色彩、通风等则要以每个家庭具体情况和不同的要求进行划分。卫生间一般可分为综合型和分离型两种。

综合型：将沐浴、盥洗、化妆、如厕、更衣和洗衣等功能集于一间内综合使用，此类型节省面积，经济实用。不足之处是各种行为相互干扰。

分离型：干湿空间既分离又相通，将洗衣、盥洗分离出来，变成淋浴、如厕与盥洗分开式或变成盥洗、如厕与淋浴分开式。这样布置可以减少潮湿和避免漏电等其他问题。

2. 设计

卫生间洁具设置应根据人们的生理特征、心理特征及管路等因素，将人们的活动范围、尺度进行合理安排，充分利用空间，最大限度地满足家庭成员洗浴、方便、洗衣等要求。

卫生间中洗浴部分最好与厕所部分分开，如无条件分开，也应在布置上有明显的划分，并尽可能设置隔屏、浴帘等。浴缸及便池附近应设置尺度适宜的扶手，以方便老弱病人的使用（图 8-2-13、图 8-2-14）。

图 8-2-13　卫生间室内设计 1

图 8-2-14　卫生间室内设计 2

卫生间界面处理要做到良好防水性能，易于清洁。一般地面采用陶质类同质防滑地砖，墙面采用防水涂料或瓷质墙面砖，顶部用防水、易于检修的硬质塑胶板或铝合金板等。

3. 常用尺度

下图是卫生间室内设计常用人体尺度（图 8-2-15）。

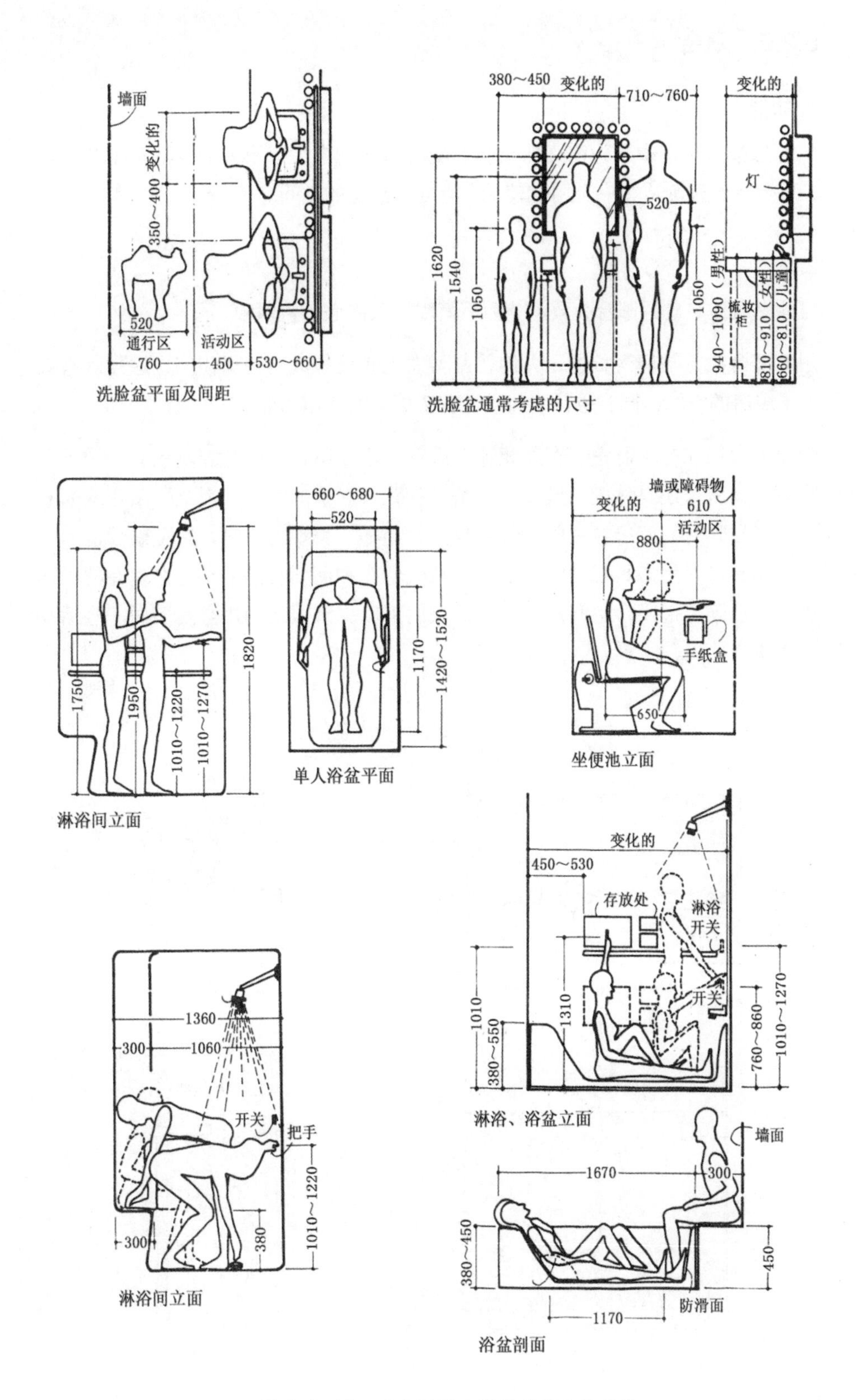

图 8–2–15 卫生间室内设计常用人体尺度

8.2.9 阳台

1. 功能

阳台是整个居室中最为明亮的空间。随着时代的发展以及人们生活水平的不断提高，阳台已经逐渐成为一个用途较为广泛的多功能的空间。

2. 设计

目前民居住宅楼的阳台大致可分为阴面阳台和阳面阳台两种。

阴面阳台往往与厨房相连，人们普遍习惯把它装修成厨房操作间，这样既有效地扩大了厨房的空间，同时也让阴面阳台有了更多的使用功能。

阳面阳台往往与主卧室、客厅相连，卧室、客厅阳台不仅是晾晒衣服、被子和储藏物品的场所，还是休闲、健身、品茶、赏花、观景的空间。因此，阳台地面和墙面的装修材料，最好选择一些贴近大自然，纯朴、美观的材料。它可以营造出一个温馨且具有自然生态景观的浪漫空间，给人们一种回归自然的感觉。现在的民居建筑房型正在逐步把阳台空间尺度加大，人们可以更有效地利用空间多做一些活动（图 8-2-16）。

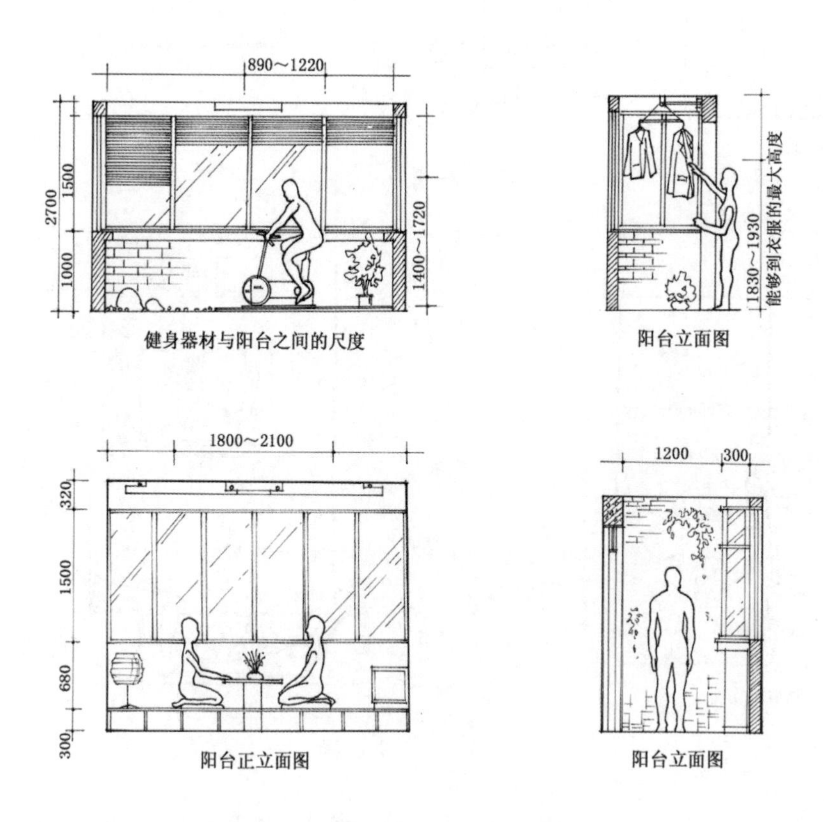

图 8-2-16 阳台室内设计常用人体尺度

8.3 家居典型案例解析

8.3.1 单身公寓

1. 单身公寓的基本理念

单身公寓大多集中在市区繁华地段，以其便利的交通、较小的面积、合理的总价、完备的物业管理体系及时尚的包装理念，大受年轻购房者的追捧，近年来在楼市消费中占有重要的位置，已经成为居住体系中的一个有机组成部分。

单身公寓的诞生最早是从租赁的市场中出现的，有业主将空置的整幢商品房，经过简单装修后推向房产租赁市场，面向中层收入的白领出租。单身公寓又称白领公寓，是一种过渡型住宅产品，是住宅的一种，一般每套平均在20~45 ㎡左右，其结构上的最大特点是只有一间房间，一套厨卫。

2. 单身公寓的设计要点

（1）家居色彩鲜活明快

色彩对人情绪的影响很大，而一个人住就更容易受环境影响了，暗淡的冷色会令人心情低迷消沉，而明艳的色彩则可以令人精神振奋，心情愉悦。

（2）独特设计点亮生活

如果把单身公寓当成一处睡觉的居所，那生活必然是空虚无聊的；如果把梦想、喜爱、设计统统装进公寓里，那公寓就是一个天堂，一个任人自娱自乐的天堂。

（3）现代风格明亮简洁

单身公寓的装修，大多以现代风格为主。现代风格的装饰、装修设计以自然流畅的空间感为主题，装修的色彩、结构追求明快简洁，使人与空间浑然天成。而欧式、中式风格装修中采用的线、角比较繁琐，色彩沉重，有可能让居住心情比较压抑。

（4）充分利用空间

单身公寓面积相对来说较为狭小，需要对其进行合理安排，充分利用空间。在满足人们的起居、会客、储存、学习等多种生活要求前提下，又要使室内不产生杂乱感，同时又要留出足够多的余地便于主人展示自己的个性。

例如：可以利用墙面、角落或门的上方来存放衣物、书籍、工艺品，以节省占地面积。也可以选择多用组合柜，利用一物多用来节省空间。

（5）采用灵活的空间布局

根据空间所容纳的活动特征进行分类处理。将会客区、用餐区等公共活动区域布置在同一空间，而睡眠、学习等私密活动区域纳入另一个空间。同时要注意保持公共活动区域和私密活动区域互不干扰，可以利用隔断形式区分两个区域。

（6）注重扩充空间感

利用不同的材质、造型、色彩以及家具区分空间。尽可能避免绝对的空间划分。运用加大采光量或使用具有通透特性的玻璃材质的家具和隔断等，利用采光来扩充空间感。将空间变得明亮开阔。

（7）家具选择注重实用

只要可以达到功能尺寸要求即可，选择占地面积小、收纳容量大的家具，或选用可随意组合、拆装、收纳、折叠的家具，这样既可以容纳大量物品，又不会占用过多的室内面积，为空间内的活动留下更多的余地。

3. 单身公寓设计步骤

第一阶段，计划编写与研究。

（1）编制项目计划

创建项目负责小组，了解项目大致时间及背景。定制初步项目时间计划及人员安排。

（2）沟通与研究

了解客户背景、沟通功能定位及相关要求。从整体上把握客户要求。搜集多渠道相关信息，了解客户所使用的设备尺寸及要求。

（3）设计咨询与现场勘测

帮助客户向物业部门索要场地设计所需的竣工图纸，理出所需图纸清单，设计师和专管结构的部门工程师到现场了解具体情况，对场地尺寸进行复核，与物业工程部负责人沟通，咨询当地工程规范条例，提出设备修改或容量增减建议。

第二阶段，方案设计与制作。

（1）概念设计

设计和绘制平面图，项目小组进行方案设计前沟通，初步概括设计方案，绘制平面图、顶面图等，并与客户沟通方案，听取客户意见。

（2）方案修改和确定

将方案中的平面图及顶面图与物业部门进行沟通咨询，确定方案的可行性，绘制相关效果图草案，确定装饰风格及色彩，初步方案确定。

（3）细化方案

选择装饰材料和设备，绘制初步方案立面图，与客户确定需要现场制定或购买的家具清单、硬装饰与软装饰的设计内容，确定主要材料及设备要求，确定其他特殊设备要求，如安防等。帮助客户选择或联系弱电、安防、电话、有线、卫星、音响系统、消防、空调等专业厂家。

（4）绘制设计效果图和施工图

结合 3Dmax、Photoshop 等软件进行效果图的绘制，利用 AutoCAD 等平面图软件进行施工图绘制。

第三阶段，施工技术交底。

联系物业部门咨询工程相关费用，通过客户和物业部门审批图纸，与施工人员进行施工图纸技术交底，阐述施工细则。

8.3.2 三室两厅住宅

1. 三室两厅住宅基本理念

三室两厅是最为常见的大众户型，设计对象涵盖各种家庭，客户居住年限较长，对空间的使用频率较高。三室两厅住宅具有比较充裕的居住面积，在布置上可以有较理想的功能居室划分空间，功能分区独立性强。

居住者的户内活动可概括地划分为公共性或私密性、洁净或污浊、动态或静态，这些有不同内容、不同属性的活动，应在各自行为空间内进行，使之互不干扰，达到生活上的舒适性和健康性。

三室两厅的客户对象主要是三口之家或两代人共同生活的家庭，客户大部分有一定的经济实力和社会地位，家庭结构稳定，一般居住时间比较长，生活规律明显，讲究功能方便实用，家庭成员之间需要独立空间。

三室两厅住宅具有相对充裕的居住面积，一般在 120~140 ㎡，一般包括客厅和餐厅及三个卧室（主卧室、次卧室和书房），一个或两个卫浴间，一个厨房，一个或两个阳台（可分为晾晒阳台和观景阳台）。功能分区比较明确，起居、休息、学习、工作等活动相互独立，抗干扰性较强。

2. 三室两厅住宅设计要点

（1）功能布局明晰

三室两厅住宅建筑面积相对充裕，在布局上可以划分各家庭成员需要的功能区，如休息区、会客区、就餐区、收纳区等，各功能区域既相互联系，又可以保持一定的独立性。布局形式应以实用为主，根据家庭人口构成以及家庭成员的生活习惯来设计。

（2）体现客户审美情趣

由于家庭人口构成相对复杂，家庭中每个人的审美倾向不一定完全一致，对于共享性较强的空间，如客厅、餐厅等，应综合客户家庭成员的意见进行设计，结合全家人的心意，力求统一美观。家庭成员独立空间，如卧室、书房等，则可以按各自的喜好布置，同时兼顾整体风格的协调。

（3）着重考虑实用性

对于居家生活来说，形式的简繁只是表面变化，其是否实用、方便、舒适等才是实质。因此，三室两厅住宅的设计应简繁得当、功能齐全，一切从实用的角度出发。

如对于三代人共处的三室两厅住宅，储藏空间要大些，以尽量增加储藏面积，洗衣、洗澡、做饭、冷藏等生活设置要考虑周全，而居室墙面等的设计就要以简洁为宜，造型过于繁杂会增加卫生清扫的难度。

3. 三室两厅住宅设计步骤

第一阶段，计划编写与研究。

（1）编制项目计划

创建项目负责小组，了解项目大致时间及背景。定制初步项目时间计划及人员安排。

（2）沟通与研究

了解客户背景，沟通功能定位及相关要求。从整体上把握客户要求。搜集多渠道相关信息，了解客户所使用的设备尺寸及要求。

（3）设计咨询与现场勘测

帮助客户向物业部门索要场地设计所需的竣工图纸，理出所需图纸清单，设计师和专管结构的部门工程师到现场了解具体情况，对场地尺寸进行复核，与物业工程部负责人沟通，咨询当地工程规范条例，提出设备修改或容量增减建议。

第二阶段，方案设计与制作。

（1）概念设计

平面图的设计和绘制，项目小组进行方案设计前沟通，初步概括设计方案，绘制平面布置图、天花板布置图等，召开方案介绍会议，听取客户意见。

（2）方案修改和确定

将方案中的平面图及天花板布置图与物业部门进行沟通咨询，确定方案的可行性，绘制相关效果图草案，确定装饰风格及色彩，初步方案确定。

（3）细化方案

选择装饰材料和设备，绘制初步方案立面图，与客户确定需要现场制定或购买的家具清单、硬装饰与软装饰的设计内容，确定主要材料及设备要求，确定其他特殊设备要求，如安防等。帮助客户选择或联系弱电、安防、电话、有线、卫星、音响系统、消防、空调等专业厂家。

（4）绘制设计效果图和施工图

结合 3Dmax、Photoshop 等软件进行效果图的绘制，利用 AutoCAD 等平面图软件进行施工图绘制。

第三阶段，施工技术交底。

联系物业部门咨询工程相关费用，通过客户和物业部门审批图纸，与施工人员进行施工图纸技术交底，阐述施工细则。

8.3.3 多居室型住宅

1. 多居室型住宅基本理念

多居室型住宅属于典型的大户型，一般是指卧室数量四间或四间以上的住宅居室套型。目前市场上常见的有四室两厅型、五室两厅等，通常五室以上更多地以复式住宅和别墅住宅形式出现。其建筑面积较大，功能分区明确，主客分流，动静分离，适合人口较多的家庭。

多居室型住宅作为一种住宅高端消费形式，其客户对象主要为经济实力较强的成功人士，如公司高层、政府高层、私营企业老板等。客户大部分有较强的经济实力或较高的社会地位，讲究生活品质，注重生活情调，追求宽松、浪漫、休闲的生活方式。

多居室型住宅具有十分充裕的居住面积，一般为 150~400 ㎡，视面积的大小情况，可包括两个或多个厅（客厅、餐厅、娱乐厅、家庭厅等），多个卧室（主人卧室、老人卧室、儿童房、客人卧室及佣人卧室等），多个卫浴间（主人用卫浴间、客人用卫浴间、共用卫浴间等），一个或两个厨房（早餐厨房、正餐厨房），多个阳台（晾晒阳台、景观阳台、露台等），以及其他的附属用房（储藏室、休闲室、健身房等）。为增加面积利用率，较大的多居室型住宅以复式、跃层或别墅形式出现，通常占用两个或两个以上的楼层，中间以室内楼梯相连。

2. 多居室型住宅设计要点

（1）功能分区要明确合理

多居室型住宅拥有足够的空间，应按照主客分离、动静分离、干湿分离的原则进行功能分区，避免相互干扰。既要满足主人休息、娱乐、就餐、读书、会客等各种需要，同时也要满足客人、佣人等的需要。有多个楼层的多居室型住宅一般下层设起居、炊事、进餐、娱乐、洗浴等功能区，上层设休息、睡眠、读书、储藏等功能区。有条件的多居室型住宅客厅可以采用中空设计，使楼上楼下连为一体（共享空间），既有利于采光和通风，又有利于家庭人员的交流沟通，同时可以使室内有一定的高差，让空间变化更为丰富。

（2）风格统一，突出重点

多居室型住宅设计应综合客户及其家庭成员的审美趋势，将造型、色彩、材质、家居、陈设等因素全盘考虑，形成统一的风格。同时应根据使用者的不同要求、不同身份进行设计，突出重点。一般主卧室、书房、客厅、餐厅要重点设计，客房、佣人房间可以简洁一些。

（3）配套设施考虑周全

因为多居室型住宅不同于普通居室，面积大，涉及功能复杂，空间类型多，空间穿插交错大，其配套设施（包括水、电、取暖、通风、供热、中央空调、安防及其他设备）都应考虑周全。

（4）收纳自然景观

对于别墅这一类型的多居室型住宅来说，独特的地理位置和环境导致其自然景观要优于任何其他住宅，天然植被、天然绿化、天然阳光、天然的新鲜空气是其独占的稀缺资源。因此在设计中应重点考虑室内环境与室外景观的互动，考虑如何利用露台、阳台、窗户收纳自然景观。

3. 多居室型住宅设计步骤

第一阶段，计划编写与研究。

（1）编制项目计划

创建项目负责小组，了解项目大致时间及背景。定制初步项目时间计划及人员安排。

（2）沟通与研究

了解客户背景，沟通功能定位及相关要求。从整体上把握客户要求。搜集多渠道相关信息，了解客户所使用的设备尺寸及要求。

（3）设计咨询与现场勘测

帮助客户向物业索要场地设计所需的竣工图纸，理出所需图纸清单，设技师和水、电、空调、空间结构等专业工程师到现场了解情况，对场地尺寸进行复核，与物业工程部负责人沟通，咨询当地工程规范条例，提出设备修改或容量增减协议。

第二阶段，方案设计与制作。

（1）概念设计

设计和绘制平面图，项目小组进行方案设计前沟通，初步概括设计方案，绘制平面布置图、天花板布置图等，并与客户介绍方案并听取客户意见。

（2）方案修改和确定

将方案中的平面图及顶面图与物业部门进行沟通咨询，确定方案的可行性，绘制相关效果图草案，确定装饰风格及色彩，初步方案确定。

（3）细化方案

选择装饰材料和设备，绘制初步方案立面图，与客户确定需要现场制定或购买的家具清单、硬装饰与软装饰的设计内容，确定主要材料及设备要求，确定其他特殊设备要求，如安防等。帮助客户选择或联系弱电、安防、电话、有线、卫星、音响系统、消防、空调等专业厂家。

（4）绘制设计效果图和施工图

结合 3Dmax、Photoshop 等软件进行效果图的绘制，利用 AutoCAD 等平面图软件进行施工图绘制。

第三阶段，施工技术交底。

联系物业部门咨询工程相关费用，通过客户和物业部门审批图纸，与施工人员进行施工图纸技术交底，阐述施工细则。

第 9 章　办公空间设计

9.1　办公空间室内设计

为了企业行为而聚集起来办公是早期出现的办公形态，这个形态的形成可以追溯到几个世纪之前，而办公场所的发展是随着企业管理模式的演变而发展的。当时的办公场所多是设置在相应的建筑物中，这个建筑可能是一个废弃的教堂或车站、工厂车间或是一个富人闲置的宅邸，并不需要做太大改动，人们把桌、椅、文具搬进去，即是一个办公空间。考虑的问题主要是如何看管方便（图 9–1–1）。

直到 20 世纪三四十年代后，银行业、保险业和传统制造业开始考虑人的因素，把人本主义的管理概念应用到企业形态中。企业办公楼、办公室才作为一类建筑和空间形式被人们注意。为了表现实力，办公场所的设计给人以可依赖的形象。

近年来，随着 IT 产业和诸多边缘行业的发展，企业办公空间的设计也逐渐多样化。人们对企业办公空间的认识和需求也日趋多元化。人们开始通过办公空间质量及表象来判别一个企业的素质与实力，而这种判别也变得越来越细微而准确。

现代办公空间设计是展现企业文化、企业实力、专业水准的窗口，好的设计能够让企业员工发挥工作上的能动性，促进员工思维和决策事务，给人良好的精神文化需求，使工作环境变成一种享受，使安静、灵动的感觉洋溢在整个空间里。

9.1.1　办公空间类型划分

办公空间设计一定要体现企业独特的文化。将企业文化与经营理念相融合，并利用整体表达体系（尤其是视觉表达系统），传达给企业内部与公众，使其对企业产生一致的认同感，以形成良好的企业印象，最终促进企业产品和服务的销售。企业标志、标准色、标准色搭配所表达的内容是一个企业递给生意伙伴的第一张“名片”。企业可通过整体形象设计尤其是在装修风格上将企业的产品、服务和服务对象考虑进每一个细节，特别是浓缩企业文化精华的企业标志应无处不在，调动企业每个职员的积极性和归属感、认同感，使各职能部门能各行其职、有效合作（图 9–1–2）。

图 9–1–1　早期办公场所的建筑物外观

图 9–1–2　现代办公场所的空间设计

1. 按照布局形式划分

办公空间应根据其使用性质、规模与标准的不同，确定设计方向。按照办公室布局形式，可分为独立式办公室、开放式办公室、智能办公室三个类型。

（1）独立式办公室

独立式办公室是以部门或工作性质为单位划分，分别安排在大小和形状不同的空间之中。这种布局优点是各独立空间相互干扰少，灯光、空调系统可独立控制，同时可以用不同的装饰材料，将空间分成封闭式、透明式或半透明式，以便满足使用者不同的使用要求。独立式办公室面积一般不大，（常用开间为 3.6 m、4.2 m、6.0 m，进深为 4.8 m、5.4 m、6.0 m），缺点是空间不够开阔，各相关部门之间的联系不够直接与方便，受室内面积限制，通常配置的办公设施比较简单。独立式办公室适用于需要小间办公功能的机构或需安静、独立开发智慧的人群（图 9–1–3）。

在 20 世纪 90 年代初期大开间办公室风靡一时的时候，比尔·盖茨却不论职位高低，坚持给他的程序员每人一个 11 ㎡的独立办公室，让每个人在这个相对独立的空间里按照自己的个性布置。在这种充分尊重个性的环境中，开发人员的智慧才能得到充分发挥。这样的办公室环境昭示着一种思想：人人平等、张扬个性。和微软“尊重个人创造力”的形象相得益彰。

（2）开放式办公室

开放式办公室最早兴起于 20 世纪 50 年代末欧洲的德国，是将若干部门置于一个大空间之中，在现代企业的办公环境中比较多见，开放式办公室有利于提高办公设备、设施的利用率，以及办公空间的使用率。开放式办公空间多设在办公场所的中心区，利用家具和绿化小品等对办公空间进行灵活隔断，且家具、隔断具有灵活拼接组装的可能，形成自己相对独立的区域，互相之间既能联系又能监督。

开放式办公室在设计中要严格遵照人体工程学所研究的人体尺度和活动空间尺寸来进行合理的安排，注意人流的组织空间，一般要按照不同性质，不同使用目的，并根据工作人员的团组需要进行分区布置，组织成各个小的个体，利用不同的设计手法，以人为本进行人性化设计，同时关注办公人员的私密性和心理感受能力。在设计时应注意造型流畅，简洁明快，避免过多的装饰分散工作人员的注意力，可以用植物装点各个角落，通过光影的应用效果，在较小的空间内制造变化，在线条和光影变幻之间找到对心灵的冲击，舒缓工作的压力（图 9–1–4）

图 9-1-3 独立式办公室的空间设计

图 9-1-4 开放式办公室的空间设计

（3）智能办公室

智能办公室具有先进的通信系统，即具有数字专用交换机、内外通信系统，能够迅速快捷地提供各种通信服务、网络服务的系统；具有先进的 OA（办公自动化）系统，其中每位成员都能够利用网络系统完成各项业务工作，同时通过数字交换技术和电脑网络是文件传递无纸化、自动化，设置远程视频会议系统，具有 OA 系统的办公特点，可通过电脑终端、多功能电话、电子对讲系统等来操作。在设计此类办公系统时应与专业的设计单位协作完成，在室内空间与界面设计时予以充分考虑与安排。

近年来随着各种电子产品（如个人电脑、手提电脑、输入输出设备、因特网、移动电话等）的普及，人们的工作方式也在发生着新的变化，工作沟通方式的多元化，出现新的价值观、新的工作形态及新的办公空间。

据美国《富士比杂志》调查，到 2005 年，美国已有一半以上的劳动人口是属于 SOHO（小型家居办公室）族。中国北京市近年注册的小型公司，近 30% 把办公地点选择在家中，在广州、深圳、上海地区，这一比例高达 35%。知识型、智能型行业的人群，如作者、编辑、设计师、建筑师、律师、会计师，都具备在家办公的条件。SOHO 不但是新的工作方式，个性化、小型化、一体化为其特点，同时也为新兴办公空间及办公家具市场的发展提供了无限商机（图 9-1-5）。

图 9-1-5 SOHO 式办公空间

2. 按照使用功能划分

按照办公空间使用功能的不同性质可分为：门厅、接待室、工作室、会议室、管理人员办公室、高级主管人员办公室、设备与资料室、通道等不同类型。

（1）门厅

门厅在办公空间设计中具有重要位置。装饰门厅就和行文一样，有一个好的开篇实在是太重要了，它是对来宾的第一声问候，有着启动全局设计风格的作用，也是彰显和突出企业形象的地方。办公空间的门厅面积一般在几十至一百余㎡较合适，在门厅范围内可根据需要在合适的地方设置接待台和等待的休息区。面积允许且讲究的门厅可安排一定的绿化小景和展品陈列区（图 9–1–6）。

（2）接待室

接待室是接待和洽谈的地方，往往也是产品展示的地方，面积通常在十几至几十平方米之间。在设计中，应注意提升企业文化，给人以温馨、和谐的感觉。接待室（会客室）设计是企业对外交往的窗口，设置的数量、规格要根据企业公共关系活动的实际情况而定。接待室要提倡公用，以提高利用率。接待室的布置要干净美观大方，可摆放一些企业标志物和绿色植物及鲜花，以体现企业形象和烘托室内气氛（图 9–1–7）。

图 9—1—6　门厅的风格

图 9—1—7　中山卓盈丰纺织制衣公司的接待室

（3）工作室

工作室即员工办公室，是根据工作需要和部门人数，依据建筑结构而设定的面积及位置。如：独立式办公室，则应根据功能的不同进行划分；开放式办公室要根据人数和办公职能的不同，根据团队的组合方式进行划分。一定要注意使用方便、合理、安全，还要注意与整体风格相协调（图 9–1–8）。

图 9—1—8　DRAGON 公司的工作室

（4）会议室

会议室是办公室空间中重要的地方，因为在这里可以“碰撞”出绝好的创意；而匠心独具的设计或许会成为此创意的背景。会议室应设置在远离外界嘈杂、喧哗的位置。从安全角度考虑，应有宽敞的入口与出口及紧急疏散通道，并应有配套的防火、防烟报警装置及消防器材。会议室的设置应符合防止泄密、便于使用和尽量减少外来噪声干扰的要求。

会议室是企业必不可少的办公配套用房，一般分为大中小不同类型，有的企业中小会议室有多间。大的会议室常采用教室或报告厅式布局，座位分主席台和听众席；中小会议室常采用圆桌或长条桌式布局，与会人员围坐，利于开展讨论。会议室布置应简单朴素，光线充足，空气流通。可以采用企业标准色装修墙面，或在里面悬挂企业旗帜，或在讲台、会议桌上摆放企业标志（物），以突出本企业特点。

会议室的平面布局主要根据现有空间的大小，与会人数的多少及会议的举行方式来确定，会议室设计的重点是会议家具的布置、会议家具使用时的必要活动空间及交往通行的尺度。墙面要选择吸音效果强的材料，可以通过墙纸和软包来增加吸音效果，如果是轻钢龙骨和石膏板加工而成的隔墙，还要在墙体中添加吸音材料。会议室室内应安装空调，以创造稳定的温度、湿度环境，空调的噪声应该比较低，如室内空调噪声过大，就会大大影响该会场的音频效果（图 9–1–9、图 9–1–10）。

图 9—1—9　DRAGON 公司的会议室

图 9—1—10　瑞特沃斯机电大厦内的会议室

（5）管理人员办公室

管理人员办公室通常为部门主管而设，一般应紧靠所管辖的部门员工。可作独立式或半独立的空间安排。室内一般设有办公台椅、文件柜，还应设有接待谈话的椅子和沙发茶几等设施。

（6）高级主管人员办公室

处于企业决策层的董事长、执行董事，或正副厂长（总经理）、党委书记等主要领导，他们的办公室环境在保守企业机密、传播企业形象等方面有一些特殊的需要。因此，这类人员的办公室布置有如下特点：第一，相对封闭。一般是一人一间单独的办公室，有不少企业都将高层领导的办公室安排在办公大楼的最高层或平面结构最深处，目的就是创造一个安静、安全、少受打扰的环境。第二，相对宽敞。除了考虑使用面积略大之外，一般采用较矮的办公家具设计，目的是为了扩大视觉空间。第三，方便工作。一般要把接待室、会议室、秘书办公室等安排在靠近决策层人员办公室的位置，有不少企业的厂长（经理）办公室都建成套间，外间就安排接待室或秘书办公室。第四，特色鲜明。企业领导的办公室要反映企业形象，具有企业特色，例如墙面色彩采用企业标准色、办公桌上摆放国旗和企业旗帜以及企业标志、墙角安置企业吉祥物等（图 9–1–11）。

（7）设备与资料室

设备与资料室的布局安排应合理，适宜使用，注重保密性，同时对设备要方便调节、保养和维护，要考虑防火、防盗等问题（图 9–1–12）。

图 9–1–11　博实自动化有限公司的高级主管人员办公室

图 9–1–12　童年木工厂建筑事务所的资料室

（8）通道

通道是工作人员必经之路，主通道其宽度不应小于 1 800 mm，次通道不应窄于 1 200 mm。在设计上应既简洁又大方，在无开窗的情况下，要用灯光布置出良好的氛围（图 9–1–13、图 9–1–14）。

图 9–1–13　简洁大方的通道

图 9–1–14　北京建材研究院办公楼的公共走廊

不同性质办公空间面积参考如下（表 9-1）。

表 9-1 办公空间设计常用参数

空间	面积定额 /（m^2/ 人）	备注
一般办公室	3.5	不包括过道
	7	包括过道
高级办公室	24~36	大
	20	中
	9	小
打印室	6.5	按每个电脑计
档案室	9.5	包括储藏柜
设计绘图桌	4~4.5	
会议室	0.5	无会议桌
	2.3	有会议桌

9.1.2 办公空间设计要求

好的办公空间设计犹如做一件西装。西装是最能体现裁缝、设计功底的服装类型，它对理性尺度把握非常严谨。好的西装设计师可以在其共性和各种限制下做出富于变化感和彰显个性的西装，办公空间设计也是如此。空间设计要解决的首要问题是如何使员工以最有效的状态进行工作，这是办公空间设计的根本，而更深层次的则是通过设计来对工作方式进行反思，以心灵的诉求来展现人文的办公观念，以艺术的角度来展现办公工具的科技性，以建筑的手法来展现环保的办公环境。

办公空间设计主要包括办公用房的规划、装修、室内色彩及灯光音响的设计、办公家具、办公用品及装饰品的配备和摆设等内容。

1. 办公室界面处理

办公室室内各界面在设计时应考虑管线铺设、连接与维修的方便，选用不易积灰、易于清洁、能防止静电的底、侧面材料。界面的总体环境色调宜淡雅，如浅绿、浅蓝、米黄色、象牙色等，不仅能够提高工作效率，更能开阔思路，激发潜能。

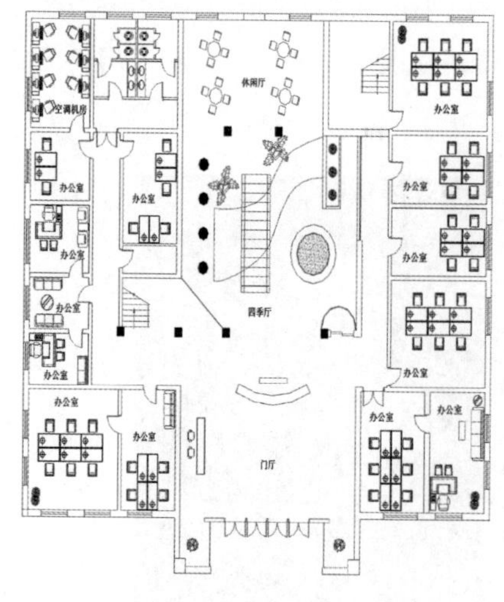

图 9-1-15 新华通讯社吉林分社大楼某楼层办公平面图

（1）平面布局

根据办公功能对空间的需求，来诠释对空间的理解。通过优化的平面布局，来体现独具匠心的设计。

第一，平面布局的功能性应放在首位。根据使用性质和现实需要来确定各类用房之间的面积分配比例、房间的大小、数量，还要对以后功能、设施可能发生的调整变化进行适当的考虑（图 9-1-15）。

第二，根据各类用房的功能性以及对外联系的密切程度来确定房间的位置。对外联系较密切的职能部门应布置在临近出、入口的主干道处，如：门厅、收发室、咨询室等。会客室和有对外性质的会议室、多功能厅应设置在临近出、入口的主干道处。从业务的角度考虑，通常平面布局的顺序是：门厅、接待室、洽谈室、工作室、审阅室、业务领导办公室、高级领导办公室、董事会办公室。此外，每个工作程序还会有相关的功能区辅助和支持。如：领导部门常需办公、秘书、调研、财务等部门为其服务，这些辅助部门应根据其工作性质放在合适的位置。

图 9–1–16　lcdesign 公司办公场所内景

第三，注意安全通道的位置以便于紧急时刻疏散人流。从安全通道和便于通行的角度考虑，袋形通道远端的房门到楼梯口的距离不应大于 22 m，通道净高不低于 2 100 mm。

第四，办公场所内要有合理、明确的导向性，即人在空间内的流向应顺而不乱，流通空间充足、有规律。可通过顶面、地面材质的图案或变化进行引导（图 9–1–16）。

第五，员工工作区域是办公空间设计中的主体部分。在这种办公区域，隔断的高度、位置以及角度可以把员工的归类和企业信息的流程处理清楚，既保证了员工的私密性，同时也保证了功能的流程，便于管理和及时沟通，提高了工作效率（图 9–1–17、图 9–1–18）。

图 9–1–17

成都奥晶科技公司员工工作区域内景

图 9–1–18

美佳装饰设计公司员工工作区域内景

第六，员工休息区以及企业内的公共区域通常是缓解工作压力，增加人与人之间沟通的地方。工作之余，员工们可以聊聊天，喝喝咖啡，让工作环境有家的感觉，从而打破了 8 小时的工作差别性，让员工拥有更愉快地工作体验（图 9–1–19）。

第七，办公室地面布局要考虑家具、设备尺寸，办公人员的工作位置和必要的活动空间尺度。依据功能的要求，排列组合方式确定办公人员位置，各工作位置之间既要联系方便，又要尽可能避免过多的穿插，减少人员走动时干扰其他人员办公（图9–1–20）。

图 9–1–19　上海 EMC 公司办公区域内景

图 9–1–20　西安人才交流中心办公区域内景

（2）侧立面布局

办公室的侧立面是我们感受视觉冲击力最强的地方，它直接显示出对办公氛围的感受。立面主要从四个方面进行设计：门、窗、壁、隔断。

门：门有大门、独立式办公空间的房间门。大门一般都比较宽大，有两扇、四扇、六扇甚至八扇门的，其宽度为 1 600~1 900 mm。外加的通花的防盗门，用得最多的是外加通花的防盗门或是不锈钢的卷闸门，也有全封闭的卷闸门，但档次感不高。房间门可按办公室的使用功能、人流量的不同而设计。有单门、双门、通透式、全闭式、推开式、推拉式等不同的使用方式，有各种风格的造型、档次和形式。当同一个办公空间出现多个门的时候，应在整体形象的主调上将造型、材质、色彩与风格相统一、相协调（图 9–1–21、图 9–1–22）。

图 9–1–21　某公司外加通花的防盗门

图 9–1–22　钧龙贸易（上海）有限公司深圳办事处的大门

窗：窗的装饰一般应和门及整体设计相呼应。在具备相应的窗台板、内窗套的基础上，还应考虑窗帘的样式及图案。一般办公空间的窗帘和居室的窗帘有些不同，尽量不出现大的花色、图案和艳丽的色彩。可利用窗帘多样化的特性选用具有透光效果的窗帘，来增加室内的气氛。在窗台还可摆放一些小型的绿色植物，既净化了室内空气又使原本恬静、素雅的空间增添了盎然生机（图 9-1-23、图 9-1-24）。

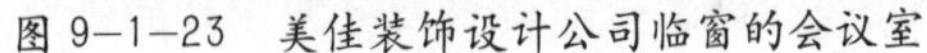

图 9—1—23　美佳装饰设计公司临窗的会议室

图 9—1—24
国际高科技产业公司临窗的通道

墙：墙是比较重要的设计内容，它往往是工作区域组成的一部分，好的墙面设计可以给室内增添出人意料的效果。办公室的墙面通常有两种结构，一是由于安全和隔声的需要而做的实墙结构，一是用玻璃或壁柜做的隔断墙结构。

实墙结构：要注意墙体本身的重量对楼层的影响，如果不是在梁上的墙，应采用轻质或轻钢龙骨石膏板，但是在施工的时候一定注意隔声和防盗的要求，采用加厚板材、加隔音材料、防火材料等手段（图 9-1-25）。

玻璃隔断墙：玻璃隔断墙是一般办公室较为常用的装饰手段，特别是在走廊间壁等地方，一是领导可以对各部门的情况一目了然，从而便于管理，二是可以使同样的空间显得明亮宽敞，加上磨砂玻璃和艺术玻璃的艺术加工，又给室内增添了不少的情趣（图 9-1-26）。

图 9—1—25　中国铁通集团办公楼内具有实墙结构的接待室

图 9—1—26　EMC 上海办事处的玻璃隔断墙

玻璃隔断墙有落地式、半段式、局部式几种。

落地式玻璃隔断墙的优点是：通透、明亮、简洁。因面积大，故应采用较厚的玻璃（如 12 mm 或以上，如造价允许最好用钢化玻璃）。落地玻璃是衔接在高 100~300 mm 的金属或石材基座上，既耐脏又防撞。

半段式玻璃隔断是在 800~900 mm 的高度上作玻璃间格，下面可做文件柜。这种形式的隔断墙比较适合空间紧凑的办公室；局部式隔断墙是在间壁的某部分作玻璃间隔，可以是落地式也可是半段式，这种设计可结合办公室的结构特点灵活地进行分隔，但要注意整体风格的统一性。

墙的装饰对美化环境，突出企业文化形象起到重要的作用。不同行业有不同的工作特点，在美化环境的同时还应突出企业文化，如高新技术企业可利用自身的优点悬挂具有视觉冲击力的宣传海报或图片，设计创意企业可将自己的设计或创意悬挂或摆放出来，既装点了墙面效果又宣传了企业业务。墙面装饰还可以挂一些较流行的韵律感强的或抽象的装饰绘画，还可悬挂一些名人字画或摆放具有纪念意义的艺术品。墙面比较适合上亚光涂料，壁纸、壁布也很合适，因为可以增加静音效果、避免眩光，让情绪少受环境的影响（图 9-1-27）。

图 9—1—27　美佳装饰设计公司的墙面装饰

（3）顶界面设计

办公室顶界面应质轻并且有一定的光反射和吸声作用。顶界面设计中最为关键的是必须与空调、消防、照明等有关设施工种密切配合，尽可能使平顶上部各类管线协调配置，在空间高度和平面布置上排列有序（图 9-1-28、图 9-1-29）。

图 9—1—28　某公司具有良好照明效果的会议室

图 9—1—29　嘉盛照明科技有限公司顶平面设计效果

顶部的装饰手法讲究均衡、对比、融合等设计原则，吊顶的艺术特点主要体现在色彩的变化、造型的形势、材料的质地、图案的安排等。在材料、色彩、装饰手法上应与墙面、地面协调统一，避免太过夸张。

顶棚的分类有很多方式，按顶棚装饰层面与结构等基层关系可分为直接式和悬吊式。

直接式顶棚：在建筑空间上部的结构底面直接作抹灰、涂刷、裱糊等工艺的饰面处理，内部无需预留空间，因此，不会牺牲原有的建筑室内高度，且构造简单、造价低廉。由于无夹层结构及面层的遮挡，顶部结构和设备暴露在外，只有通过色彩等手段来进行虚化和统一。事实上，有些天花为充分展现其结构美，甚至干脆将其涂上鲜艳颜色予以强调。

悬吊式顶棚：吊顶系统基本由吊筋、龙骨、装饰面层三部分组成。可摆脱结构条件的束缚，形式感、高度更加灵活和丰富，还有保温隔热、吸声隔音等作用，对于有空调、暖气的家庭，还可以节约能耗。

2. 办公室设计要素

从办公室的特征与功能要求来看，办公室设计有如下几个基本要素。

（1）秩序感

办公空间设计中的秩序，是指形的反复、形的节奏、形的完整和形的简洁。办公室设计也正是运用这一基本理论来创造一种安静、平和与整洁环境。使人置身其中不感到纷繁与杂乱，不感到迷惑与不安（图 9-1-30）。

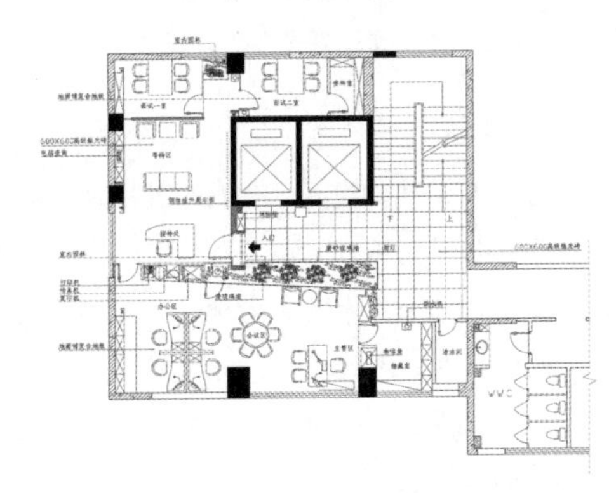

图 9—1—30　法国 CELA 广州文化中心办公平面图

办公室设计要有良好的秩序，例如家具样式与色彩的统一、平面布置的规整性、隔断高低尺寸与色彩材料的统一、天花的造型设计与墙面的装饰、合理的室内色调及人流的导向等，这些都与秩序密切相关，在开放式办公空间的设计中秩序感尤为重要（图 9-1-31、图 9-1-32）。

图 9—1—31　中国保监会三层会议室内景

图 9—1—32　国际高科技产业公司办公区内景

（2）明快感

具有明快感的办公室会给人一种清新的感觉，办公环境的色调干净明亮，灯光布置合理，有充足的光线，这也是办公室的功能要求所决定的。明快的色调也可在白天增加室内的采光度。在色彩设计中还可以将明度较高的绿色引入办公室中，可以给人一种良好的视觉效果，从而创造种春意盎然的感觉，这是明快感在室内的一种创意手段（图 9-1-33、图 9-1-34）。

图 9—1—33　中华通信公司办公区域内景

图 9—1—34　Vinyl.Group 办公室内景

（3）现代感

为了提高办公设备、设施的利用率，减少公共交通和结构面积，提高空间使用率；为了便于思想交流，加强管理，我国许多企业的办公室，往往采用了共享空间——开敞式设计，这种设计已成为现代新型办公室的特征，它形成了现代办公室新空间的概念。在设计时，还可将自然环境引入室内，绿化室内外的环境，给办公环境带来一派生机。既舒缓了高度紧张的视觉神经，又为室内增添了“空气过滤器”（图 9-1-35、图 9-1-36）。

图 9—1—35　华润电力常熟综合办公区域内景

图 9—1—36　湖北羿天建筑装饰设计有限公司办公区域内景

9.1.3 办公室采光与照明

办公空间的照明方式主要由自然光源与人工光源组成。

1. 自然光源对办公环境的影响

自然光源的引入与办公室的开窗有直接关系，窗的大小和自然光的强度及角度的差异会对心理与视觉产生很大的影响。一般来说，窗的开敞越大，自然光的漫射度就越大，但是自然光过强却会对办公室内产生刺激感，不利于办公心境，尤其是对于电脑更加不利。为了避免阳光对电脑设备的直射，产生反光，可将窗帘设置成百叶窗的形式，还可使用光线柔和的窗帘装饰设计，使光能经过二次处理，变为舒适光源（图 9–1–37）。

2. 人工光源对办公环境的影响

光是一种超价值的建筑材料，设计师总是试图解决材料和空间等等难题，不同的材料可以形成不同的空间感受，灯光是决定效果最有影响的因素之一，并且具有超价值的创造和破坏力。我们的设计方针是使用最少的消耗而获得最大的舒适度。

在办公环境中，灯光的设计可以采用整体照明和局部照明相结合的方法进行布置。在大范围的空间中宜使用整体照明，可采用匀称的镶嵌于天棚上的固定照明，这种形式的照明为工作面提供了均匀的照度，可帮助划分空间的界面（图 9–1–38）。

图 9–1–37　北京大唐电力总裁办公室内景

图 9–1–38　杭州钱江新城大楼办公区域内景

为了节约能源或突出重点设计可采用局部照明，在工作需要的地方再设置光源，并且提供开关和灯光减弱装备，使照明水平能适应不同变化的需要。

3. 办公空间照明设计注意问题

办公室天棚的亮度以适中为宜，不可过于明亮，可采用半间接照明方式。

办公空间的工作时间主要是白天，有大量的天然光从窗口照射进来，因此，办公室的照明设计应考虑到与自然光如何相互调节补充而形成合理的光环境；同时要考虑到墙面色彩、材质和空间朝向等问题，以确定照明的照度和光色，办公楼的照度设置，但是在相同空间的重点部位，比如写字台等的照度还是有所要求的（见表 9–2，不同办公空间照度推荐值）。

光的设计与室内三大界面的装饰有着密切关系，如果墙体与天棚的装饰材料是吸光性材料，在光的照度设计上就应当调整提高，如果室内界面装饰用的是反射性材料，应适当调整降低光照度，以使光环境更为舒适。在光色的选择上，高亮度暖色调光环境适于经理室、会议室等地方，低亮度冷色调光环境适于视觉和思维工作（见图 9–1–39、图 9–1–40）。

图 9-1-39　中国驻荷兰大使馆内景

图 9-1-40　厦门工商质检信息综合楼会议室内景

表 9-2　不同办公空间照度推荐值

不同办公空间	推荐照度 /Lx	衡量位置
一般办公室	500	办公桌面
进深大的一般办公室	750	办公桌面
打印室	750	抄本
档案室	300	档案标签
设计绘图室	750	图板
会议室	750	会议桌面
计算机室	500	工作面
资料室	500	桌面

9.1.4 办公家具

在现代科技，信息技术迅速发展的今天，信息技术的每一项革新和发明，电话、计算器、传真机、电脑、国际互联网……都与办公建筑与办公家具紧密相连。现代办公家具不仅提高了办公效率，而且也成为现代家具的主要造型形式和美学典范，在现代家具中独树一帜，自成体系，是现代家具中的主导性产品。

1. 现代办公家具式样

现代办公家具主要有大班台、办公桌、会议台、隔断、接待台屏风、电脑台、办公椅、文件柜、资料架、底柜、高柜、吊柜等单体家具和标准部件组合，可以按照单体设计、单元设计、组合设计、整体建筑配套设计等方式构成开放、互动、高效、多功能、自动化、智能化的现代办公空间。

现代办公家具设计将两个现代观念推向极限：理智和效果。并因此产生许多不同的家具样式和美学典范（图 9-1-41 至图 9-1-44）。

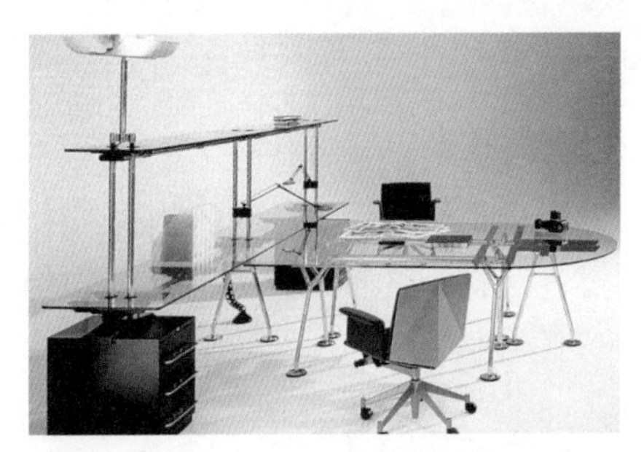

图 9-1-41　现代式样的办公家具 1

图 9-1-42　现代式样的办公家具 2

图 9-1-43　现代式样的办公家具 3

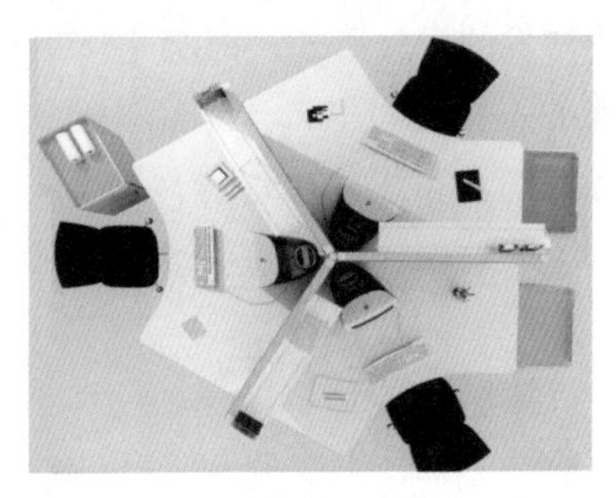

图 9-1-44　现代式样的办公家具 4

新概念电脑工作台：主要承载各种电子产品（个人电脑、手提电脑、输入输出设备、因特网、移动电话等），使工作沟通方式变得多元化，形成了新的价值观，新的工作形态及办公空间，其机动性、灵活性、创造了一体化多功能工作空间的新理念（图 9-1-45、图 9-1-46）。

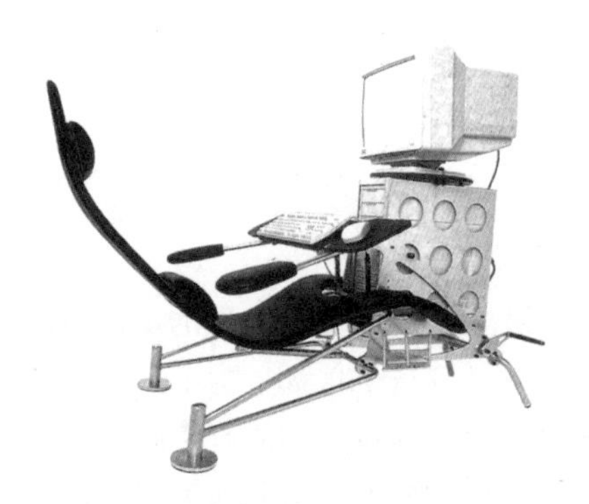

图 9-1-45　新概念电脑工作台 1

图 9-1-46　新概念电脑工作台 2

现代办公家具在色彩设计上采用冷色居多，这有助于使用者心理平衡、情绪安定。简单的家具布局可以突出主人的志向和情趣，给人以高雅之感，也可将色彩进行变化，从蓝、灰、白的中性色变化为红、黄、蓝、黑、白的鲜艳色，使办公家具成为一道亮丽的风景线。

2.IT 时代的办公家具形态

随着“网络科技”的愈演愈烈，为网络一族打造一个全方位的工作环境，已成为当今居家设计的新趋势。“家”的定义，不再只是给予人们单纯的相聚、休息，工作与家庭的连接带来了复合式的新生活形态，这就让具有办公功能的书房的设计显得格外重要。

（1）个性化

将书房的基本元素任意组合，电脑桌、电脑椅、各式组合的书柜、书架以及休闲小沙发的摆放形式，都能充分展现出属于自我的个性。在发挥创意、想象、专长、才能的工作空间里，“非凡”的整体家居设计能尽情地挥洒，无论是一个大器的书柜还是一个多用的工作台，乃至一个小巧的书架，从装修风格的总体把握到每件家具细节的处理，“非凡”的独特创意，更赋予了书房中每件作品以生命的灵性。

（2）舒适度

在一个称作书房的空间里，“书”是使用最为频繁的工具。为了能够好好地保存它，利用书柜来妥善地进行收藏是非常重要的。无论是大型书柜，还是开放式的书架，都可依不同的需要和空间状况使其适得其所。如果它够大够高的话，还可用于墙面的装潢，或者空间的间隔。

灯光也是书房中很重要的成员，分布均匀的暖色调光源最适合读书，而书柜中或书柜前最好加装几盏小射灯，不仅美观，查找书籍时也较容易。当然，工作台上一定要有一盏可调明暗的台灯，以便于阅读。

（3）私密空间

每当夜深人静，网络一族就废寝忘食，贪婪地寻找着在线一方的“伊妹”。这就让我们的“家庭工作室”显得格外重要。设计一个舒适、放松、可以遨游网络、发挥创意的自我空间，是特别需要考虑的重要因素。

无论书桌与电脑台是否连接，“L”形的台面是最适合工作与上网的工作台首选方案。台面下一定要有一个足够大的键盘架，最好能放得下鼠标，为了能让双足有充分的伸展空间，台面下能空则空，最多加一个小推柜即可。如果有空间，在电脑台旁摆放一个半高的小文件柜或书架，或是在工作台的墙面上搭几块隔板，就会让文件、书籍、光盘的拿取变得轻而易举。书桌的摆放位置与窗户位置很有关系，一要考虑光线的角度，二要考虑避免电脑屏幕的眩光。

工作室中的沙发，舒适是首选原则，质地要好，使双腿可以自由伸展，以消除久坐后的疲劳。工作台则要根据自己的身高来推算，高度为 75~78cm 比较合适。而地面到桌子底部的高度不能小于 58cm，以便双腿有自由活动的区域。座椅应与工作台配套，柔软舒适，以转椅为佳，高度为 38~45cm 较为合适。

9.2 办公空间设计实训

设计是一个充满创造性的思维活动，我们在接到设计任务后，要通过创造性思维活动并通过绘制图形等形象进行方案的表达，以满足委托方的要求。

在设计中既要满足空间的功能性、实用性，又要满足人们的感官享受及心理与情感上的需求，还要了解材料的价值与功能，材料与技术必须根据设计用途合理使用。

对空间组织与形态要有充分的认知和了解。合理分析建筑空间的平面布置、空间特征、空间尺度和形状、色彩与构成。在体验室内的过程中，不断调动各种感官器官来感受空间的形状、大小、远近、方位、光线的变化，感受空间所给人的直观的心理感受，从而获得对空间的整体认知。

要掌握空间和平面基本尺度的转换。分析室内平面空间的组织方式，确定组织结构形式，借用空间组合如包容、邻接、穿插、过渡、借景等手法进行空间群体的设计。在了解常规材料的种类、性能、质感、构造的基础上关注新材料的出现，适当地运用使自己的作品富有新意。

在进行色彩计划中，要符合使用空间的功能，使用者的喜好、风俗习惯，根据采光性来合理地布置光源及照度，以满足人们视觉功能的需要。一般在办公环境中的照度应为 300~500 lx，并注意眩光对人眼的损害，可采用局部照明、环境照明、重点照明等方式。

要注重陈设设计与室内空间的和谐统一，可利用家具来划分空间、丰富空间、调节空间、点睛空间；利用艺术品来塑造空间的意境；利用绿化来净化空气、美化环境、陶冶情操、提高工作效率，改善和渲染空间气氛。

办公室装修与家居等装修在实施时有两个较大的分别：

第一，委托方只有较少的时间亲自办理此事。所以在伊始时关注较多，后期主要停留在进度的问题上。

第二，对工程质量的要求往往没有家居装修那么高。这是由于商业场所一般都要付较高的租金，委托方更重视的是场地投入使用的时间也就是工程进度的问题。工程质量一般比不上家居装修的标准。

办公室不外有两种情况下装修：一是新购（租）的办公室；二是二期装修。有一些新购（租）的办公室装修是企业新开办下装修的，那么委托方用于工程监工的时间就更少了。

在设计时要将企业的经营范围、客户定位与装修风格、陈设、配置等问题调研清楚，分析、权衡企业在此办公的期限与投入的平衡，特别是经营金融财经的企业往往需要通过豪华的装修展示企业的实力。

优秀的办公空间设计是给人一种整体的良好印象，在保留一种完整的风格基础之上富有视觉冲击感，这也是设计风格的一种趋势。别致的设计风格，它可以予人以如下感觉：

表现企业的实力感。通过设计、用料和规模，来体现一种实力的形象化。

促进企业的团结感。通过优化的平面布局，把各个空间既体现独立的一面也体现一种团结的一面。

展示企业的正规感。这主要是在大面积的用料上来体现，例如 600 × 600 的块形天花和地毯，已经成为一种办公室的标志。

彰显出企业的文化感。这最主要是体现在设计元素上面，将企业的形象设计反复出现,形成一个企业独有的设计元素。

获得企业的认同感。这包括了客户的认同感和员工的认同感。

感受到企业的冲击感。这就是所谓的第一印象，将在未来很长的时间内影响到生意伙伴对一个企业的认可度，进而影响到合作的信任感。

多数的办公室主人，他们最主要希望在办公室中给予客户三个感觉：实力、专业、规模。这些印象可在生意伙伴接触的几个主要场地前台、会议室、经理办公室中集中体现出来。

前厅的设计，是体现企业形象的门户所在，客户和生意伙伴的第一印象从前台开始，因此前厅的设计绝对不能草率。前面所述及的几种风格，在前厅一眼就能分辨开来。不同风格的前厅在设计的因素以外，材质的使用是影响最大的因素，而从细节上来说，最主要是一些用料的细腻。

作为大多数客户必到的会议室，不仅要表达整体形象，而且要采用设计策略，减少对抗，为自己和生意伙伴创造愉快放松的商务洽谈氛围，为商业洽谈的成功助力。特别是在设计会议桌时，要尽量避开一种谈判的对峙布局。即便无可避免，亦应尽量予以柔化。另一方面，注意使用现代化高科技设备，例如投影幕、音响等，从而提高商业洽谈成功率。

会议室在光线设计上应较为明亮。除了在使用投影幕的时候需要一种较暗的光线环境外，其他的时候明亮的光线可以使客户的心态放松。因此，一个适当大小，留有一定活动空间的会议室，往往能使客户的心理松懈，有利于洽谈。

9.2.1 设计任务书

1. 设计课题——小型设计事务所设计

通过对小型设计事务所设计的体会，学生应掌握公共空间设计的方法与程序，了解办公空间在设计、施工时容易出现的问题及遇到问题解决的方法与策略。学生应在设计的同时，了解与掌握各门学科相关知识并融会贯通，遇到设计困难时掌握的办法与经验，了解当今市场的装饰材料与设计之间的关系，以及怎样运用好材料来丰富本身的设计，用实际感染甲方。

2. 设计理念

以人为本，融入现代的设计理念，让使用功能与精神功能结合，合理地进行空间的顶面地面墙面等各个界面的划分，使室内设计的风格、功能、材质、肌理、颜色等更突出该企业的整体形象，在功能上更满足办公人员需求，从而更加提高整体的工作效能，并能从中获得工作的乐趣，减轻工作的压力，舒缓紧张的神经。

3. 设计内容

尽最大的努力满足业主对本案的实际要求。我们的目标是领导设计潮流，但在同时又要符合市场规律，在设计时既尊重甲方的现实需要，又要做到引导甲方的思想，使其能够理解设计师的设计意图，只有相互的真诚合作才能作出优秀的作品。

办公室设计有三个层次的目标。第一层次是经济实用，办公环境不同于酒店，家居。其中一个方面是要满足实用要求，给办公人员的工作带来方便。另一方面要尽量低费用、追求最佳的功能费用比。第二层次是美观大方，能够充分满足人的生理和心理需要，创造出一个赏心悦目的良好工作环境。第三层次是独具品味，办公室是企业文化的物质载体，要努力体现企业物质文化和精神文化，反映公司的特色和形象，对置身其中的工作人员产生积极的、和谐的影响。这三个层次的目标虽然由低到高、由易到难，但它们不是孤立的，而是有着紧密的内在联系，出色的办公室设计应该努力同时实现这三个目标。

9.2.2 设计过程

1. 分析

拿到设计项目以后，首先要了解业主的基本情况、业主的身份、知识掌握程度、文化水平的高低以及对空间使用、环境形象的要求；了解他对本企业的发展规划及市场预测的了解程度；详细了解办公室的坐落地点、楼层、总面积、东西或南北朝向、甲方的使用功能、企业人员的数量、其工作人员的年龄和文化层次如何。还要了解：企业的性质及工作职能，事务所的工作方式是怎样的；企业的 CI 设计怎样；在设计中如何体现企业形象；整体项目的投入资金如何。

资金的投入多少直接影响着设计的水准。离开了充分的资金支持一切都为空谈。只有分析并了解了设计对象，才能明确设计方向，充分做好准备，合理、高效地进行系统的设计。

2. 空间初步规划

空间规划是设计最初的首要任务，要确定平面的布局，各个使用空间的具体摆放。根据空间的结构特点，业主对空间提出具体的使用要求，同时根据事务所运行的具体模式以及职能部门之间的业务需求对整个办公空间进行合理的区域划分。

根据事务所的职能需求及办公特征，与业主进行沟通后确定设计的思路，使设计效果既符合现代办公的环境又能符合个人需求。

（1）确定空间设计目标

办公空间设计的目标是为工作人员创造一个以人为本的舒适、便捷、高效、安全、快乐的工作环境。这其中涉及建筑学、光学、环境心理学、人体工程学、材料学、施工工艺学等等。诸多学科的内容，涉及消防、结构构造等方面的内容，还要考虑审美需要和功能需求。

（2）主要的功能区域

门厅：门厅是员工和客户进入办公区域的第一空间，是企业的形象窗口，是通向办公区的过渡和缓冲区域，门厅设计的好坏对给人的第一印象，起着重要的作用。因此，对于门厅的设计我们要引起注意，从立意上吸引人，从构思上抓紧人，从材料的运用上，给人以新鲜感。引人入胜，曲径通幽。

通道：连接各办公区的纽带，是办公人流中的交通要道，是安全防火的重要通道，是展示企业形象的橱窗，同时还起着心理分区的功能。通道不光是指封闭的空间，每个不同的区域之间也是通道的范畴，所以它起着纽带的功能，其作用不可忽视。

办公室：主要的工作场所，包括独立式办公室和开敞式办公室。是设计中面积最大、最重要的设计空间，也是课题设计的核心内容。

会议室：集体决策、谈判、办公会议的场所。

接待室：对外交往和接待宾客的场所，也可供小型会议使用。

休闲区：员工缓解压力，休息、健身、娱乐的场所。

资料室：员工查阅资料、存储文件的空间。

其他辅助用房：包括卫生间、杂物间、库房、设备间等。

家具的布置：通常是按水平或垂直方式布置的，因为这样更能节省地方，以便于使用。当面积较充裕的时候，可把家具作协向排列，来增加空间的新鲜感，也可组成群组式排列，适合团队协作的需求。

好的办公空间的平面布局应合理、使用方便、美观大方，又具有特色，突出风格。

（3）功能区域的划分

功能区域的划分要合理，如：财务室、经理室应考虑到防盗及私密性的问题；办公室应高效实用并和休息区相连；洽谈区应靠近门厅及会客室。

3. 进行深入设计

在考虑了平面布局的各个要素之后，对空间进行了基本的划分，然后就要对各个空间进行深入的设计。在设计时要注意整体空间设计风格的一致性，考虑好空间的流线问题，仔细计算空间区域的面积，确定空间分隔的尺度和形式。

在完成了上述任务之后，要根据设计思路进行室内界面的设计。在设计中要考虑空调、取暖设备、消防喷淋及设备管道的位置；在顶面设计中可根据地面的功能和形式进行呼应，通过造型的变化来解决技术问题。

（1）顶面设计

办公空间的天花应简洁、大方，在不同功能的使用空间，设计应有所区别。一般大办公室要求的是简洁、不杂乱、不跳跃；而在门厅、会议室、经理室和通道等处最好设置造型别致的天花板，以烘托房间的主题及氛围。

顶部天花板的照明设计首先要满足功能的需要，还能起着烘托环境气氛的需要。因此，对照度的要求比较高，可设置普通照明、局部照明及重点照明等方式，以满足不同情况的需求。照度最大小应符合国家标准，不应小于 300 lx；在设计时尽量采用人工照明与天然采光结合的照明设计；尽量避免采用高光泽度的材料，以避免产生眩光；会议室的照明以会议桌为主，创造一种中心的感觉。

（2）立面设计

立面是视觉上最突出的位置，要新颖大方并有独特的形象风格，内容和形式是复杂和多姿多彩的。在空间立面设计时，应该和平面设计的风格相统一，不仅在造型上，在色彩上同样需要和谐。

（3）设计草图

做完立面设计以后，要勾勒出空间的透视草图，将空间的各个面及家具都表现出来，在勾勒的过程当中及时发现问题及时修改，不断调整方案，直到满意为止。

（4）施工图绘制

以上步骤完成之后，深入大样和施工图的设计，最终完成一套完整的图纸，包括以下内容：平面图、顶面图、立面图、效果图、节点大样图。此外还要给甲方提供材料清单、色彩分析表、家具与灯具图表清单等。

（5）对于具体材料，施工及施工工艺的了解

在设计时，还要考虑材料的各种特性，如材料表面的肌理、材料自身的物理性质，材料的规格以及材料的价格等。对施工及施工工艺的了解是一个设计能否进行施工的先决条件。试想，设计再好，施工不了也只能是纸上谈兵，变为空谈。

因此，作为一名设计师一定要了解当今社会的潮流及发展趋势并作出准确的判断，不断地加深本身对世界文化及本国文化的理解及融合，不断地接触新鲜事物来丰富设计元素，不断地了解新材料、新工艺的变化及发展，不断提高自己对设计本身的理解，这样我们才能在本领域中取得优秀的成绩，做出被社会所接受的优秀设计项目。

第 10 章　餐饮娱乐空间设计

10.1　餐饮空间设计

当今社会，人们的生活水平日益提高，人们在饮食过程中不再仅仅满足于果腹、营养及美味，而是通过饮食追溯历史，透视饮食中所蕴含的深刻内涵和人文理念，把饮食上升到哲学和艺术的高度，吃出饮食的文化品位，吃出饮食的灵性和真谛，让身心共同享受饮食。

餐饮空间给人们提供了一个享受饮食，品味生活的地方。在设计时，一定要了解所设计的餐饮空间的使用功能及其性质，而后才可以根据需要进行设计。餐饮空间包括用餐场所、休闲与娱乐场所、喜庆场所、信息交流场所、交际场所、团聚场所。

现代餐饮空间设计因性质不同、面对的顾客不同、追求的目标不同，因而市场定位也不尽相同。

餐饮文化包罗万象，各民族、各地区千差万别，有着难以计数的口味和菜式。单单就我们国家而言，闻名遐迩的就有八大菜系，每种菜系又根据地域的不同，有着或多或少的差异。而除此之外，各个民族也都拥有着自己与众不同的饮食文化。推而广之，在世界的范围之内，饮食文化有着更加丰富的多样性和差异性。为设计师提供了更加广阔的想象空间和发挥余地，是一种约束性较小的空间样式。故此，餐饮空间也成为最具视觉效果的设计实体之一。随着经济的发展，人们交往更加频繁，世界各国的饮食文化正在经历着更大范围的交叉与融合，为餐饮空间设计创作提供了更加广阔的空间（图 10-1-1）。

图 10-1-1　宁波富邦大酒店内景

10.1.1　餐饮空间类型及设计要求

1. 高级宴会餐饮空间

主要是用来接待外国来宾或国家大型庆典、高级别的大型团体会议以及宴请接待贵宾之用，也是国际交往中常见的活动之一，如：人民大会堂宴会厅。这类餐厅按照国际礼仪，要求空

图 10–1–2 人民大会堂宴会厅

间通透，餐座、服务通道宽阔，设有大型的表演和讲演舞台。一些高级别的小团体贵宾用餐要求空间相对独立、不受干扰、配套功能齐全，甚至还设有接待区、会谈区、文化区、康体区、就餐区、独立备餐区、厨房、独立卫生间、衣帽间和休息卧室等功能空间。宴会厅的装饰设计应体现出庄重、热烈、高贵而丰满的品质（图 10–1–2）。

宴会厅是宴请高级贵宾的场所，灯饰应是宫殿式的，它是由主体大型吸顶灯或吊灯以及其他筒灯、射灯或多盏壁灯组成。配套性很强的灯饰，既有很强的照度又有优美的光线，显色性很好，但不能有眩光（图 10–1–3、图 10–1–4）。

图 10–1–3 香港南洋酒店宴会厅

图 10–1–4 蚌埠锦江大酒店宴会厅

2. 普通餐饮空间

是较为常见的餐饮空间。主要经营传统的高、中、低档次的中餐厅和专营地方特色菜系或专卖某种菜式的专业餐厅，适合机关团体、企业接待、商务洽谈、小型社交活动、家庭团聚、亲友聚会、喜庆宴请等。这类餐厅要求空间舒适、大方、体面、富有主题特色，文化内涵丰富，服务亲切周到，功能齐全，装饰美观。

中式餐厅在我国的酒店建设和餐饮行业占有很重要的位置，并为中国大众乃至外国友人所喜闻乐见。中式餐厅在室内空间设计中通常运用传统形式的符号进行装饰与塑造，既可以运用藻井、宫灯、斗拱、挂落、书画、传统纹样等装饰语言组织空间或界面，也可以运用我国传统园林艺术的空间划分形式，拱桥流水，虚实相形，内外沟通等手法组织空间，以营造中华民族传统的浓郁气氛。

中餐厅的入口处常设置中式餐厅的形象与符号招牌及接待台，入口宽大以便人流通畅。前室一般可设置服务台和休息等候座位。餐桌的形式有 8 人桌、10 人桌、12 人桌，以方形或圆形桌为主，如八仙桌、太师椅等家具。同时，设置一定数量的雅间或包房及卫生间。

中式餐厅的装饰虽然可以借鉴传统的符号，但仍然要在此基础上，寻求符号的现代化、时尚化，符合现代人的审美情趣和时代的气息（图 10–1–5、图 10–1–6）。

图 10-1-5　某中式餐厅内景 1

图 10-1-6　某中式餐厅内景 2

3. 食街、快餐厅

主要经营传统的地方小食、点心、风味特色小菜或中、低档次的经济饭菜。这类餐厅要求空间简洁、运作快捷、经济方便、服务简单、干净卫生。风味餐厅主要通过提供独特风味的菜品或独特烹调方法的菜品来满足顾客的需要。风味餐厅种类繁多，充分体现了饮食文化的博大精深（图 10-1-7 至图 10-1-10）。

快餐厅是提供快速餐饮服务的餐厅。其起源于 20 世纪 20 年代的美国，可以认为这是把工业化概念引进餐饮业的结果。快餐厅适应了现代生活快节奏、注重营养和卫生的要求，在现代社会获得了飞速的发展，麦当劳、肯德基即为最成功的例子。一些快餐厅发展成集团式品牌连锁经营形式。

图 10-1-7　洛溪食街外景

图 10-1-8　某快餐厅内景 1

图 10-1-9　某快餐厅内景 2

图 10-1-10　某快餐厅内景 3

4. 西餐厅

西餐厅是满足西方人生活饮食习惯的餐厅。在设计风格上，环境搭配上要符合与之相适应的用餐方式，和中餐厅有一定区别。西餐厅主要经营西方菜式，有散点式、套餐式、自助餐式及为人们提供休闲交谈、会友和小型社交活动的场所。在我国西餐厅大多是在高级宾馆、饭店内，也有很多独立经营的西餐厅。

西餐厅在饮食业中属异域餐饮文化。西餐厅以供应西方某国特色菜肴为主，其装饰风格也与某国民族习俗相一致，充分尊重其饮食习惯和就餐环境需求。

在设计时通常运用一些欧洲建筑的典型元素，诸如拱券、铸铁花、扶壁、罗马柱、夸张的木质线条等来构成室内的欧洲古典风情。同时，还应结合现代空间构成手段，从灯光、音响等方面来加以补充和润色。也可设计成一种田园诗般恬静、温柔、富有乡村气息的装饰风格。这种营造手法较多地保留了原始、自然的元素，使室内空间流淌着一种自然、浪漫的气氛，质朴而富有生气（图 10–1–11、图 10–1–12）。

西餐厅的家具多采用二人桌、四人桌或长条形多人桌。

图 10—1—11　北京 KOSE 西餐厅内景

图 10—1—12　成都钥匙咖啡西餐厅内景

5. 自助餐厅

自助餐厅的形式灵活、自由、随意，亲手烹调的过程充满了乐趣，客人能共同参与并获得心理上的满足，因此受到他们的喜爱。其特点是供应迅速；客人自由选择菜点及数量；就餐客人多，销量大；服务员较少，客人以自我服务为主。设计的重点是菜点台。菜点台一般设在靠墙或靠边的某一部位，以客人取用方便为宜。一般菜点台都用长台，台上摆着各种食品饮料，旁边放各种餐具，菜点由客人自取。同时要求是冷菜靠前或靠边，热菜居中，大菜盘靠后，点食居中或靠边，在菜点台上还要摆上花坛，有层次和艺术感（图 10–1–13）。

图 10—1—13　港粤香格里拉大酒店自助餐厅

6. 咖啡厅、茶室

作为饮用和品尝咖啡的场所，咖啡厅已经经历了很长的演变历史。如今，在咖啡厅的风格方面，至少在建筑学和装饰方面，已经没有什么禁忌和限制，当今的流行趋势是折中主义和混合型风格。

咖啡厅最具体的综合表现就是整个的营业空间。为了吸引客人进入店中，其设计的手段就是运用各项展示活动或是橱窗、POP 等诉求表现来吸引客人来店或入店。吧台的配置也能具有诱导的效果，同时在陈列表现上，能显示出咖啡的特性与魅力，并通过品目、规格、色彩、设计、价格等组合效果，以便于客人的休闲，进而辅以 POP 的介绍，展示咖啡店的效果（图 10–1–14、图 10–1–15）

图 10—1—14　某咖啡厅内景

图 10—1—15　东京大学 Boolean 咖啡厅

茶馆讲究名茶名水之配，讲究品茗赏景之趣，有一种风雅、诗意的情致。茶道是以品茶修道为目标的饮茶艺术，包括环境、茶艺、礼法、修行四个基本要素。茶馆外部造型一定要突出“茶”的素雅、清新的特点。招牌要便于消费者记忆，同时体现茶馆的格调。一般茶馆大都采取传统风格，长方形匾额，用黑色大漆作底色，镏金大字作店名，请名人书写，雕刻而成，庄重堂皇；或用清漆涂成木质本色，用名人题的字，雕刻后，涂成颜色，古朴典雅。茶馆外部灯光一定要明亮，最好以白色或绿色，不宜用红色，如若用一两只绿色的射灯则更能突出茶馆的吸引力。

橱窗是茶馆内部环境的第一展现，它能直接刺激消费者的对品茶环境的认可，橱窗尽量设计大一些，灯光要亮一些，摆设的茶及茶具和茶水要组成一幅美的图画，且不断地变动。

茶馆内部装饰墙面应该素雅，一般用木质装饰板，漆成原色为好，同时应合理地配合茶字画或介绍有关茶叶知识的宣传材料。地面主要保持干净、整洁，用大理石、水磨石，也可以用地砖。如若铺地毯最好用绿色或灰色，千万不能用刺眼的色调。店内点缀可以适当放一些花草、盆景或大紫砂、瓷瓶，关键根据不同茶馆的特点，采取不同的创意，达到画龙点睛的作用，给人以整齐、高雅、舒心的感觉（图 10–1–16）。

图 10-1-16　某茶馆内景 ——— 周康

7. 酒吧

酒吧是“Bar”的音译词，有在饭店内经营和独立经营的酒吧，种类很多，是必不可少的公共休闲空间。酒吧是人们亲密交流、沟通的社交场所，在空间处理上宜把大空间分成多个尺度较小的空间，以适应不同层次的需要。

门厅是客人对酒吧产生第一印象的重要空间，而且是多功能的共享空间，也是形成格调的地方，是酒吧必须进行重点装饰陈设的场所。其布置必须有产生温暖、热烈、深情的接待氛围，又要求美观、高雅、不宜过于复杂。还要求根据酒吧的大小、格式、墙壁、家具装饰色彩，选用合适的植物和容器装饰。

吧台设计有三种形式：第一种是直线吧台，一般认为一个服务人员能有效控制的最长吧台是 3 m，如果吧台太长，服务人员就要增加。第二种形式的吧台是马蹄形，或者称为“U”形吧台。吧台伸入室内，一般安排 3 个或更多的操作点，两端抵住墙壁，在“U”形吧台的中间可以设置一个岛形储藏室用来存人用品和冰箱。第三种吧台类型是环形吧台或中空的方形吧台。这种吧台的中部有个“中岛”供陈列酒类和储存物品用。优点是能够充分展示酒类，能为客人提供较大的空间，但它使服务难度增大（图 10-1-17、图 10-1-18）。

图 10-1-17　某酒吧内景

图 10-1-18　日本某酒吧内景

10.1.2 餐饮空间室内设计

1. 餐饮空间功能区划分

餐饮空间可分为餐饮功能区、制作功能区两大部分。餐饮功能区包括：门面、顾客进出的功能区、用餐功能区、配套功能区等。制作功能区主要是厨房等。

（1）门面及顾客出入区

门面是“店”的外在形象，是内与外联系的主要出入口。优秀的门面设计要满足两个要素：功能方面和构成方面。

功能方面：要较快地促销商品和服务内容，从而获得利润；要引导顾客方便出入、安全可靠；提高自身形象价值与个性，展示提升使用者的精神需要，使人们赏心悦目。构成方面：主要设计内容有立面造型、入口、照明、橱窗、招牌与文字、材质、装饰、绿化等方面。

门面设计可以运用大面积橱窗来展示菜品的实物特色及由它所构成的层次空间诱导。透明的玻璃，使人们既能看到室内的一些内容和场景，感受到干净、舒适的就餐环境；也可通过橱窗、标志、招牌与文字设计点明餐馆的性质并通过照明设计衬托出餐馆的档次与艺术效果，尤其是夜间的魅力，也是彰显品位的有效途径（图10-1-19、图10-1-20）。

图 10-1-19 瑞典某快餐厅门面

图 10-1-20 塞舌尔悦榕庄餐厅外景

顾客出入区是进入餐厅后的第一形象，最引人注目，能给人留下深刻的印象，一般和室内装饰风格互相呼应。作为进门后的第一道屏障，如同一本书的书籍装帧，最能渗透出室内设计师的精到构思（图 10-1-21 至图 10-1-23）。

图 10-1-21 太平洋香辣居宁海店顾客出入区

图 10-1-22 香逸餐厅顾客出入区

图 10-1-23 某餐厅顾客出入区

（2）接待与候餐区

接待区主要是迎送顾客来往，方便顾客咨询、订餐，提供客人等候、休息。高级餐厅的接待区可单独设置或设置在包间内，有电视、音响、阅读、茶水、小点和观赏小景等（图 10-1-24、图 10-1-25）。

图 10-1-24 “成兴渔舫”接待区

图 10-1-25 上海秦川人酒店接待区

（3）用餐功能区

用餐功能区是餐饮空间的重点区域，也是设计的重点。在空间尺度、功能划分、环境安排等方面都要精心设计。用餐区可根据房间的结构、尺寸进行划分。餐席的形式根据用餐人数来定（图 10-1-26、图 10-1-27）。

图 10-1-26 上海秦川人酒店用餐区

图 10-1-27 某酒店用餐区

（4）配套功能区

配套功能区在餐饮空间设计中越来越受到重视，配套功能区的设计可以从一个侧面反映出餐饮管理水平和修养，可以给顾客留下良好的印象。配套功能区包括：收银台、走廊、卫生间等。

收银台：收银台的设置不可小觑。如果说上菜时的缓慢还可以令食客勉强忍受，结账时的拖延则只能让人抱怨不已了，因此，缩短服务员的往来距离，节省客人时间是收银台设置时需要考虑的（图 10-1-28、图 10-1-29）。

图 10–1–28　艳阳天收银台

图 10–1–29　张家港市大富豪鲍翅海鲜楼收银台

走廊：走廊在就餐环境中起着连接和保卫的作用，既将连接每个空间，又将每个空间的功能分隔出来，调节空间气氛（图 10–1–30、图 10–1–31）。

图 10–1–30　某酒店走廊 1

图 10–1–31　某酒店走廊 2

洗手间（卫生间）：越来越多的餐饮业者，十分注意美化洗手间（卫生间）。他们希望洗手间给宾客所带来的印象有如餐馆所提供的美食与服务一样令人记忆深刻。人们要求它既要舒适，还要有文化情调和情趣。因此，卫生间应仔细考虑位置合适、男女分用、空气清新、美观舒适，既能让客人方便，又要注重美的享受（见图 10–1–32、图 10–1–33）。

图 10–1–32　南昌东方花园酒店卫生间

图 10–1–33　民间瓦缸煨汤馆南山店卫生间

（5）厨房制作区

餐厅的厨房设计，要根据餐饮种类、规模、菜谱内容的构成，以及在建筑内部位置状况等条件相应设置。设计应以流程合理，方便实用，节省劳动，改善厨师工作环境为原则，不必追求设备多多益善。厨房作业的流程一般为采购食品材料—储藏—预先处理—烹调—配餐—餐厅上菜—回收餐具—洗涤—预备等。

厨房设计应紧紧围绕餐饮的经营风格，充分考虑实用、耐用和便利的原则，如：厨房的通风。应使厨房，尤其是配菜、烹调区形成负压。所谓负压，即排出去的空气量要大于补充进入厨房的新风量，这样厨房才能保持空气清新。但在抽排厨房主要油烟的同时，也不可忽视烤箱、焗炉、蒸箱、蒸汽锅以及蒸汽消毒柜、洗碗机等产生的浊气、废气，要保证所有烟气都不在厨房区域弥漫和滞留。

厨房的地面设计和选材，应选择新奇实用的瓷质防滑地砖或使用红钢砖、树脂薄板等材料。墙面装饰材料，可以使用瓷砖和不锈钢板。厨房顶棚上要安装专用排气罩、防潮防雾灯和通风管道以及吊柜等。

在进行厨房设计时要充分考虑原料化冻、冲洗，厨师取用清水和清洁用水的各种需要，尽可能在合适位置使用的单槽或双槽水池，切实保证食品生产环境的整洁卫生。

一般根据客人坐席数量决定餐厅和厨房的大致面积，厨房面积大致是餐厅面积的 30%~40%。

厨房的门，主要考虑送餐是不是方便。一般要有两个口，一个送菜一个收菜，另外厨房门的设置，要尽量把送餐的通道跟客人的路线分开，不要让它们交叉。如果交叉，会感觉餐厅的品质下降。

2. 餐饮空间设计原则

餐饮空间设计要根据餐厅经营者的经营定位、区位选择和设计师对餐饮环境的灵感构思，再经过充分比较、沟通与交流后确定餐饮环境的主题，以使餐厅的艺术品位与经营效益能得到充分的结合。营造的表现意念十分丰富，社会风俗、风土人情、自然历史、文化传统等各方面的题材都是设计构思的源泉。

（1）突出地方特色

中华饮食文化博大精深，有许多具有特色和魅力的地方菜肴和企业文化，使人津津乐道。餐厅的风格是为了满足某种民族或地方特色菜而专门设计的室内装饰风格，目的主要是使人们在品尝菜肴时，对当地民族特色、建筑文化、生活习俗等有所了解，并可亲自感受其文化的精神所在。

（2）彰显文化内涵

餐饮文化是一个广泛的概念，人们吃什么，怎么吃，吃的目的，吃的效果，吃的观念，吃的情趣，吃的礼仪都属于餐饮文化范畴，它贯穿于企业经营和饮食活动各个环节之中。根据各区实际情况，巧妙地对文化宝库进行开发，体现其特殊的文化内涵。如：成都峨眉山大酒店，该酒楼为中式风格，所以在设计中充分挖掘中国传统的文化内涵，使中国的特色融入设计的细节中，在设计中将中国特色元素融合，从而取得良好效果。根据各类就餐人群的层次及需求，通过艺术的表现手法赋予各个餐饮空间不同的视觉感受与属性，通过饮食的过程让设计的环境与氛围给客人以轻松愉悦。高雅、恬静，并赋予传统气息，是中餐厅设计的宗旨。在设计中摒弃了复杂曲线造型，采用简捷的直线、矩形、圆形等设计元素进行设计。同时调用灯光、材料以及配景植物等表现手段来增强空间主题对人所产生的温馨与浪漫。让客人在就餐时充分感受到美味所带来的生活享受（图 10–1–34、图 10–1–35）。

图 10–1–34　成都峨眉山大酒店内景

图 10–1–35　长沙谭府餐馆内景

（3）利用科技手段

运用高科技手段，营造新奇刺激的用餐环境，融餐饮娱乐为一体。为满足年轻人猎奇和追求刺激的欲望设计出带有科技色彩的用餐环境。如“科幻餐厅”“太空餐厅”等。

3. 餐饮空间界面设计

室内空间环境是由水平界面（天花、地面）和垂直界面（墙面）围合而成。各界面的大小、形状、颜色、材料直接影响着室内空间的感觉。

（1）顶面设计

顶面设计可根据地面功能区域的划分，进行呼应。要注意造型的形式美感，对空间能够起到延伸和扩大的作用，注意遮掩梁柱、管线，隔热、隔音等作用，力求简洁、完整并和整体空间环境协调统一。

顶面装饰手法讲究均衡、对比、融合等设计原则，吊顶的艺术特点主要体现在色彩的变化、造型的形式、材料的质地、图案的安排等。

浅色的顶棚会使人感到开阔、高远，深而鲜艳的颜色会降低其高度，墙面材料和装修内容延至顶棚会增加其高度，顶棚材料延至墙面及与墙面发生对比会降低其高度（图 10–1–36 至图 10–1–39）。

图 10—1—36　奉化银凤度假酒店的顶面设计

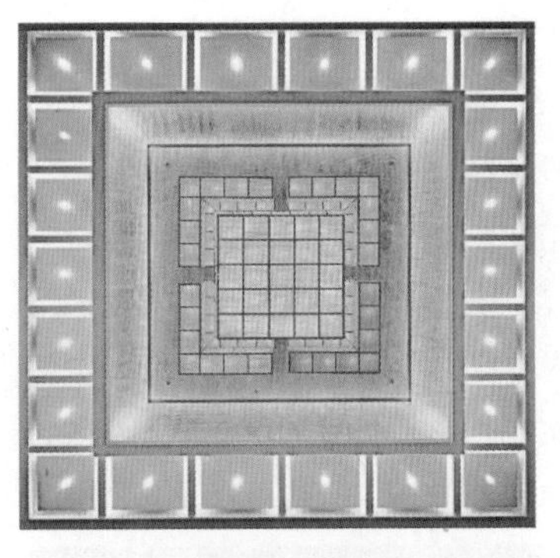

图 10—1—37　上海丽晶酒店餐厅的顶面设计

图 10—1—38　某餐厅的顶面设计

图 10—1—39　海上旧梦将军会所的顶面设计

（2）立面设计

立面设计是室内空间界面的垂直面，和人的视距较近。立面设计的好坏直接影响着整个室内空间的氛围。因此，在设计时应注意从整体性、艺术性、功能性方面多考虑（图 10–1–40、图 10–1–41）。

图 10—1—40　西安紫山庄的立面设计

图 10—1—41　奉化银凤度假酒店的立面设计

立面设计包括墙面设计、隔断设计、屏风设计、梁柱设计等等。

墙面设计要注意空间的功能性和物理性。物理性包括隔音、防水、保暖、防潮等要求。

墙面材料可使用一些新型材料，如：不锈钢的应用，因其表面明亮如镜，装饰感强，不易腐蚀、易清洁，在设计风格上极具现代感。铝合金的应用同样广泛，表面光滑、平整、耐腐蚀性强，可以制成板材，压制成各种断面的型材（图 10-1-42 至图 10-1-45）。

图 10-1-42　某餐厅的立面设计 1

图 10-1-43　某餐厅的立面设计 2

图 10-1-44　宁波富邦大酒店的立面设计

图 10-1-45　香港帝苑酒店东来顺的立面设计

玻璃不单单是一种材料，还是一种文化，是极具表现力的一种空间元素。玻璃制品有透明和半透明的两种，控制光线，使室内光线柔和而不炫目，常用于窗户、玻璃幕墙、室内办公室隔断、单反玻璃幕墙等，玻璃物品保持低的紫外线辐射，以保证人们的身心健康。

利用玻璃透明、折射的特性，将艺术玻璃与自然光及各种灯光巧妙结合，营造出梦幻迷离的艺术效果。充满金属质感的拉丝玻璃，在自然光下能将金属的冰冷质地体现得淋漓尽致；在艺术玻璃背景墙前设置射灯，能让艺术玻璃本身的花纹在光线下呈现特殊的立体感。

由于和其他不透明的材料相比，艺术玻璃既能分隔空间，又有良好的通透性，因此艺术玻璃通常被用作屏风、玄关等隔断物。由于艺术玻璃的表现力很强，玻璃的热弯特性可以让它做出折弯、弧度等不规则的形状，这些形态各异的艺术玻璃，增加了空间趣味和视觉冲击力（图 10-1-46、图 10-1-47）。

图 10-1-46　索菲特西湖大酒店的艺术性玻璃设计

图 10-1-47　长沙市清悟源酒店的艺术性玻璃设计

梁柱设计是室内空间虚拟的限定要素。它可以以轴线列阵的方式构成一个个立体的虚拟空间。梁的装饰可以作为天棚设计的一部分来进行设计；柱又分为柱帽、柱身、柱基等结构，柱作为建筑空间的特定元素具有独特的审美价值，在设计时可以起到画龙点睛的作用（图 10–1–48、图 10–1–49）。

图 10—1—48　某酒店的梁柱设计 1—— 周康

图 10—1—49　某酒店的梁柱设计 2—— 周康

（3）地面设计

地面划分形式要注意大小、方向，由于视觉心理作用，地面分块大时，室内空间显小，反之室内空间就显大。一块正方形地面，如将其作横向划分，则横向变宽，反之则显横向变窄。一般说，地面的装饰应和整个餐厅的装饰协调统一，以取长补短，衬托气氛，即地面既要和房间的顶棚、墙面协调配合，也要和室内家具陈设等起到互相衬托的作用（图 10–1–50、图 10–1–51）。

图 10—1—50　株洲大世界娱乐城的地面设计

图 10—1—51　镇江某迎宾馆的地面设计

较大空间的地面，常用图案设计来体现空间的华贵。因此，地面图案的设计又成为了整体设计的一个亮点。在设计地面图案时要注意：强调图案本身的独立性完整性；强调图案的连续性、韵律感，具有一定的导向性；强调图案的抽象性，色彩、质地灵活选择。

地面色彩设计要素：按照色彩心理学来讲，浅色的地面将增强室内空间的照度，而深色的地面会将大部分的光线吸收。暖浅色的地面能给人振奋的感觉，给人带来安全感。浅冷色的色彩会给地面蒙上一层神秘庄重的面纱，中灰色的无花纹的地面显得高雅、宁静，并能衬托出家具色彩的个性，显示出家具造型的外观美。

4. 餐饮空间色彩与灯光设计

（1）色彩设计

色彩是设计中最具表现力和感染力的因素，它通过人们的视觉感受产生一系列的生理、心理和类似物理的效应，形成丰富的联想、深刻的寓意和象征。

餐饮空间的色彩设计一般宜采用暖色调的色彩，如：橙色、黄色、红色等既可以使人情绪稳定、引起食欲，又可以增加食物的色彩诱惑力。在味觉感觉上，黄色象征秋收的五谷；红色给人鲜甜、成熟富有营养的感觉；橙色给人香甜、略带酸的感觉；适当地运用色彩的味觉生理特性，会使餐厅产生温馨、诱人的氛围（图 10-1-52、图 10-1-53）。

图 10-1-52　天地一家上海外滩店内景

图 10-1-53　香誉鲍翅馆情调餐厅内景

（2）灯光设计

选择光源：光的亮度和色彩是决定气氛的主要因素。极度的光和噪声一样都是对环境的一种破坏。合理的照明是创造餐饮环境气氛的重要手段，应最大限度地利用光的色彩、光的调子、光的层次、光的造型等的变化，构成含蓄的光影图案，创造出情感丰富的环境气氛（图 10-1-54、图 10-1-55）。

图 10-1-54　沈阳总统大厦恭王府餐厅内景

图 10-1-55　九百碗庄锅内景

灯具的选择：光可以是无形的，也可以是有形的，光源可以隐藏，灯具却可暴露，有形无形都是艺术。选择灯具，要考虑到实用性与装饰性，还要考虑亮度。而亮度的要求是不刺眼、经过安全处理、有柔和的光线。灯饰的选择已经超越了最初用来照明的单一功能，而逐渐兼具现代装饰品的角色。在造型上，应混合多种流行元素，古典与现代的，中式与西式的。材质应更加多元化，除了玻璃、金属、塑胶等工业材料外，一些自然的原生材料，如竹、藤、线、纸等更加时髦（图 10-1-56、图 10-1-57）。

图 10-1-56　象山文阑阁茶艺馆的灯具

图 10-1-57　奉化银凤度假酒店的灯具

（3）照明控制

天花板以不同灯具照明的配置方法可以划分出不同的功能区；中央带状光的设计，能使空间感到规则与对称，并能成为主要的光源；柔和的筒灯设计安装在天花板上、假梁上以及框架上，都会给空间营造出不同层次的柔和气氛；用有力的金属拉杆或吊杆搭配外露灯具，强调出高科技的定点照明，并表现出空间物体的结构美。

好的照明设计，不在于把室内照得如何灯火通明，而应在功能性灯具的配置上多下工夫，为塑造光的层次感，应以局部照明为主（图 10-1-58、图 10-1-59）。

图 10-1-58　象山文阑阁茶艺馆内景 1

图 10-1-59　大连盈樱日本料理内景

在设计餐厅的灯光时，首先满足工作区域的照明及菜和人行走路线的照明，再做其他的照明。特别是在进门口和台阶的光线要亮一些，有助于行走。在菜品展示部位要将菜品给人的感受充分展示出来。

5. 餐饮空间陈设设计

餐饮空间的陈设根据其设计风格，常采用我国传统字画陈设，表现形式有：楹联、条幅、中堂、匾额以及具有分割作用的屏风、纳凉用的扇面、祭祀用的祖宗画像等。所用的材料也丰富多彩，有纸、锦帛、木刻、竹刻、石刻、贝雕、刺绣等（图 10-1-60、图 10-1-61）。

图 10—1—60　象山文澜阁茶艺馆内景 2

图 10—1—61　象山文澜阁茶艺馆内景 3

其他一些艺术品，如摄影、雕塑、工艺美术品等，也都是餐饮空间设计时常用的设计手段。摄影作品是一种纯艺术品，比绘画更写实更逼真；雕塑作品有瓷塑、铜塑、泥塑、竹雕、晶雕、木雕、玉雕、根雕等，题材广泛，内容丰富，其感染力常胜于绘画的力量，在光照、背景的衬托下栩栩如生；工艺美术品的种类和用材十分广泛，有竹、木、草、藤、石、泥、玻璃、塑料、陶瓷、金属、织物等。餐饮空间的织物陈设材质应具有吸声效果，使用灵活，便于更换，如：壁挂、窗帘、桌布、挂毯等（图 10-1-62）。

图 10—1—62　西安紫山庄内景

10.2 娱乐空间设计

娱乐空间环境既具有使用价值，满足相应的功能要求，同时又要反映历史文化、建筑风格、环境气氛等精神因素。娱乐空间总体上可以分为：①文化娱乐（包括卡拉 OK、歌舞厅、电影院、游乐场），②俱乐部（包括俱乐部、会所），③健康中心（包括温泉浴、保健按摩、沐足馆、桌球室），④酒吧（包括酒吧、茶馆）等四大类型。

10.2.1 舞厅设计

1. 舞厅类型与特点

（1）交谊舞厅

主要满足歌舞表演和演奏的需要，有较大的舞池和宽松的休息座。风格端庄典雅，造型规整大方。

（2）迪斯科舞厅

平面布局灵活多变，风格粗犷原始，造型上表现解构，变体甚至怪诞。

（3）拉 OK 舞厅

以视听为主，主要满足表演和自娱自乐的需要，风格多样，舞池面积一般较小。

（4）多功能舞厅

通常与会议室等兼用，设计中兼顾到会议等其他活动的使用需要。风格端庄，造型规整，有类似交谊舞厅的风格。

2. 舞厅的功能与分布

舞厅的功能部分内容包括：一是歌舞部分；二是休闲部分；三是服务配套部分；四是办公功能部分。设计的重点是歌舞休闲部分的设计。

（1）舞厅功能分析

舞台的功能分析应将舞厅的各功能分区列出来，这样可以一目了然（图 10-2-1）。

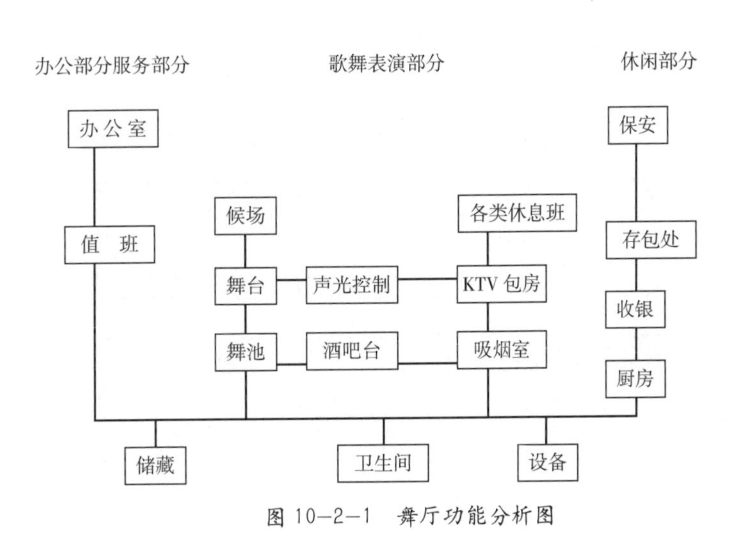

图 10—2—1　舞厅功能分析图

（2）舞厅布局

舞厅分布要点：一是原建筑平面的形状；二是舞厅本身的功能关系；三是舞厅的类别；四是舞厅表现的风格特点。

① 舞台舞池

舞台与舞池紧密相连，舞台的朝向面积决定了舞池的大小方位，舞池的形状和大小又影响休息区和服务区的布置形式，舞台后场一般设化妆间、休息间、候场间、储藏室等。

地面光滑平整，一般采用磨光花岗石、大理石、木地板铺地，地面拼花图案美观大方，别致新颖，周边边线明显，一般设地下彩光带，不仅作为舞池的标志，也起装饰作用。交谊舞的人流一般按逆时针方向旋转运动，为避免浪费空间或造成人流堵塞，必须注意舞池外形边角位置的处理，不应形成无法使用的死角。

② 休息座

休息座是消费者观赏歌舞，交谈休息的区域，空间要求相对安静，具有一定私密性，同时视线良好，不受阻碍。设计时休息座一般围绕在舞池周围。

③ 声光控制

声光控制室也称 DJ 室。起到控制舞场光线和音响效果，调节舞场气氛的作用。保证 DJ 室的位置能全面地观察舞池，从而根据现场情绪调节灯光和音响。甚至可将 DJ 室移出室内，直接观察现场进行调控。

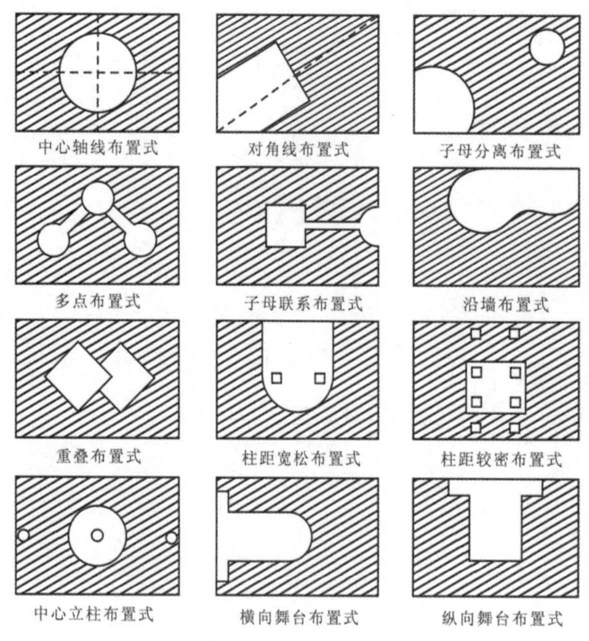

图 10–2–2 平面布局形式

④ 酒吧台

考虑营业和消费的方面，一般设在入口和休息座附近。

一般的舞厅按规模来设计平面布局形式和划分功能区域面积。舞池通常占 20%，坐席面积为 45%、其他为 35% 左右。在舞厅的平面布局形式的设计中，舞池舞台应作为首要考虑的因素，因为它们的布局决定和影响了其他各功能区的布局。

舞厅的平面布局的形式很多，主要有中心轴布置式、对角线布置式等十几种（图 10–2–2）。

3. 舞厅功能区及家具尺度

（1）舞台尺度

舞台大多朝向舞池，并与舞池紧密相连，标高高于舞池。最小的舞台进深应满足一个演奏者及一个人演奏打击乐器所需尺寸，如设乐池，乐池最少需满足两排乐手所需面积。

舞台分平式台、踏步式、伸缩式等几种（具体尺寸见图 10–2–3），值得注意的是在灯光较暗的情况下不宜用踏步式设计，应尽量使用无障碍设计，同时应配置地脚灯照明。

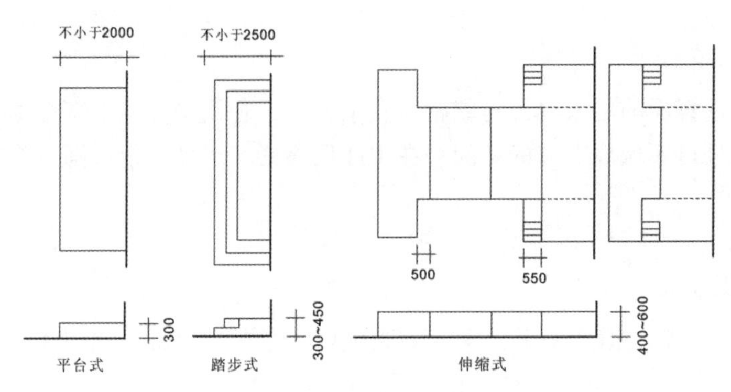

图 10–2–3　舞台形式设计尺寸图（单位：mm）

（2）舞池尺度

舞厅中舞池的面积与坐席的数目有一定比例，按坐席总人数每人需占舞池面积 0.8 ㎡进行设计，那么舞厅中每人所需的舞池面积不能小于 0.4 ㎡。

舞池净高 :3.5~5 m。

（3）休息座尺度

分为散座、火车座、雅座等，包括酒吧区的吧座，如面积较大可设包间，坐席是舞厅建筑面积所占比例最大的部分，坐席区域与舞池的面积比例为 2 ： 1。休息座每席一般为 1.1~1.7 ㎡，服务通道宽度不小于 750 mm（图 10–2–4）。

图 10–2–4　客位布置形式范例

（4）酒吧台尺度

分吧台、酒柜、吧凳三部分，主要的参考尺寸为：

吧台：1 060~1 140 mm（高），550~660 mm（宽）

酒柜：910~1 060 mm（高），300 mm（宽）

吧凳：700~800 mm（高），330~450 mm（宽）

（5）DJ 室尺度

满足放置音控和光控设备面积，及调音师所需活动面积。

（6）存衣处

位置接近舞厅的出入口，与座席区联系方便，避免寄存与不寄存的人流交叉。简单的存衣处可不做成专门的房间，在内厅用岛式、半岛式柜台围成的空间，内设衣架。

（7）卫生间

接近休息座席，既要便于寻找，又要避免太显眼。一般件 100 人设男女蹲位各 1 个，100 人以上设男女蹲位 2 个，依次类推。

4. 舞厅灯光设计

（1）舞厅照明特点

歌舞厅要求的灯光效果应使得各类高反射的材料、透光材料得到有效的反映，如玻璃、镜面、不锈钢、铝板、金属漆等的相互影响。不采用自然照明方式，一般为多层次照明系统，休息区，舞台背景等为低度照明。舞台、舞池照明根据舞厅类型，风格的需要进行设计，通常迪斯科舞需要制造光怪陆离的光影效果，交谊舞需浪漫、温馨、柔和的灯光氛围。

（2）舞厅照明设计要点

① 照明光源：选择白炽灯光源，因为舞厅明暗要不断变化，灯具要不断开关。

② 照明灯具：不宜选用亮度较高的灯具，增多灯具的数目，减小灯具的亮度，使整个舞厅照明均匀。

③舞厅主要专用灯具、灯光类型

八爪鱼电脑灯：形似乌鱼，八只灯头伸出，每只配反射鱼雷镜，电脑控制转动及灯光交叉，八只灯加上反射光，光色十分丰富，一般作为舞厅主灯使用。

频闪灯：多用于迪斯科舞厅，属于冷色光，如用音控，可随迪斯科舞曲的节奏而闪动。

蜂窝灯：一般有 12 头、16 头、18 头、32 头等形式，该灯可转动，如同蜂窝一样，可从小洞中射出光来。

转灯：也称扫描灯有 4 头、6 头、8 头、12 头等，多数情况将每个灯头装上彩色玻璃纸，使舞厅色彩产生变化。

满天星：在舞厅使用最广，一般装上各种玻璃纸，由音乐节奏来控制闪动。

魔灯：用各种形状的玻璃镜片的反射原理来制作，从而使之产生各种变幻的灯光，该灯也可转动。

四色转盘灯：利用四色转盘的转动使灯光颜色发生变化。

走灯：用透明胶管套住小灯泡，走灯快慢变化，由走灯机控制。

紫色光管：发出一种特殊的紫色光，给人一种神秘感。

射灯：多用于舞台部分的，有聚光的效果。

雨灯：形似牛眼灯，有固定式雨灯，也有摇头式雨灯，一般在灯架上布置多盏，以烘托出多种光束、多种色彩的交叉摇动气氛。

一般来说，舞厅灯具的悬挂高度约 2.8~3.6 m，灯具的数量与布点，应根据舞池面积和网架面积设计而定，高档的舞厅中心有八爪灯，再配蜂窝灯、监星球灯、图案灯、蝴蝶灯、多头扫描灯，最少的配置一般有一盏蜂窝灯、一盏扫描灯、一盏彩色花灯、一串走灯、几盏雨灯，再加上紫光管、频闪灯等（图 10–2–5）。

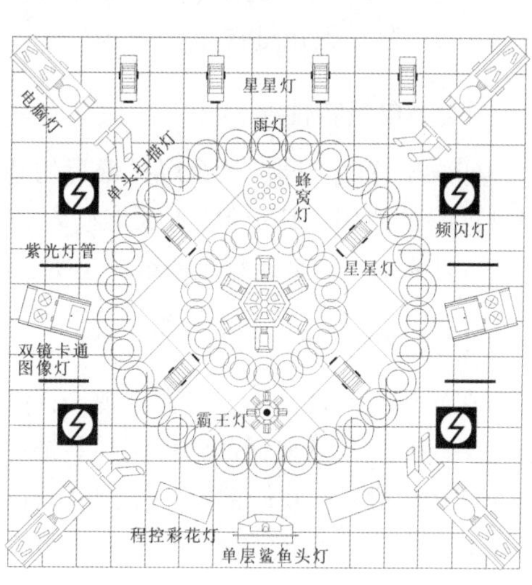

图 10–2–5　常见的灯具组合搭配图

5. 舞厅色彩设计

绝大多数舞厅的色彩设计都以满足灯光布置为先决条件，而不再作多余的造型变化，且舞厅必须利用灯的投射、晃动、滚转做效果于地面，故多数以黑色为基调或以深色系颜色搭配。

同时，舞厅色彩设计应注意整体空间环境给人们的视觉印象，整体空间蕴涵的主题概念的营造也是通过色彩反映出来的。如梦幻太空、原始风格、异域风情、网络时代、神秘旅程、时光隧道等主题在材料的质感、肌理以及色彩上都会有所不同。

6. 舞厅装饰材料运用

舞厅的装饰材料主要应满足规定等级的防火要求，中华人民共和国文化部颁布了两个标准——《歌舞厅扩声系统的声学特性指标与测量方法》（WH 0301—93）、《歌舞厅照明及光污染限定标准》（WH 0201—94）。另外，《城市区域环境的噪声标准》（GB 3096—93）和《民用建筑隔声设计规范》（GB 50118—2010）也规定了歌舞厅的噪声允许水平。

7. 舞厅装饰材料选用的主要原则

少用太多贵重的材料，而尽量利用普通材料通过一定的处理来达到以假乱真的效果。尽量使用先进性和现代感的新型材料。

目前娱乐空间材料使用有以下趋向：

（1）新型材料

现代装修材料日新月异，新型材料不断出现，这些材料的使用增添了空间的新意，其中包括：各式金属材料，如不锈钢、铝板、各色金属漆等；各式工艺玻璃，如爆裂玻璃、压花玻璃、水纹玻璃、激光玻璃等；各式幻彩涂料，如仿石漆等，此外还有透光石、软性天花材料等。

（2）自然特性材料

如娱乐休闲空间应给人轻松惬意的感觉，尤其在酒吧、会所等空间，这类材料得到广泛的使用，其中包括：天然砂岩；各式石板，如青岩板、锈石板、文化石等；各式天然木材、竹枝、纤维墙纸、墙布、色彩马赛克等。

（3）非常规性材料

在娱乐空间设计中，经常出现设计师根据需要选用一些非常规性材料的做法，这些平时我们耳熟能详的物件用在装饰中往往取得令人耳目一新的感觉，这些材料并非常规性材料，我们常见的有：鹅卵石、清水混凝土、旧报纸、染色的枯枝、废旧的车轮、管子、彩色玻璃酒瓶、各色贝壳等。这些材料一般在局部使用，从而取得出奇制胜的效果。

舞厅装饰的常用材料列举如下（表 10–1）。

表 10–1　舞厅装饰的常用材料

类别	一般装饰用材	功能效果
地面	舞池：多色花岗石、大理石、瓷砖	光洁、耐磨、美观
	舞台：木地板、地毯	便于造型、局部可移动、美观
	台位区：提花地毯、荧光地毯	柔软、舒适、高档、视觉观感好
墙面	多色乳胶漆、丝光彩、坡纸、木质壁板、防火板	造型丰富、色彩多样、美观经济
	软包、壁毯	吸音、隔音、触感好、美观
	金属、玻璃（局部点缀）	丰富造型、视感强、闪烁美感
顶面	多色乳胶漆、墙纸、丝光彩	大方、经济、美观、色彩丰富
	彩色透光玻璃	造型美观、光照柔和、富有神秘感
	黑漆钢架网顶	便于灯具悬挂

8. 舞厅布局平面图例

如图 10-2-6 所示为舞厅布局平面图。

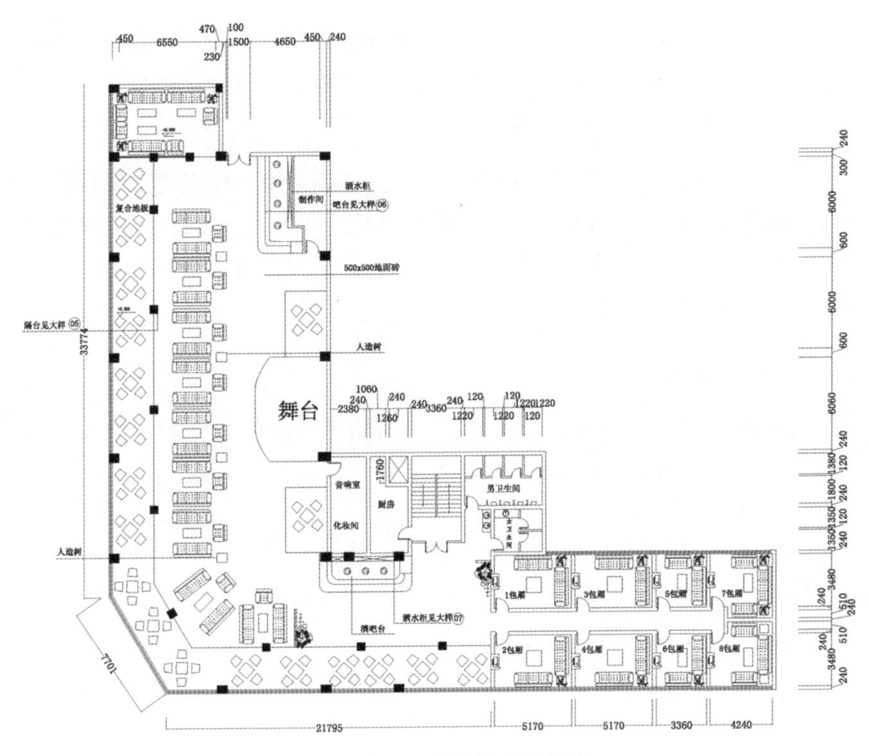

图 10-2-6　舞厅布局平面图

10.2.2　KTV 包房设计

主要功能应满足自唱自娱的需要，面积一般在 15 ㎡左右，小的也可达 10 ㎡左右，大的超过 40 ㎡（大小由娱乐人数和消费的档次决定），较大的包房可选择性地设置小舞池。有些 KTV 包房内还设置卫生间。

1.KTV 包房色彩设计

色彩设计应与包房主题相呼应。据空间主题确定色彩基调，或古朴自然，或热情奔放，或突出原始情调，或创造高科技的感觉，利用色彩对人的生理的、心理的作用，以及色彩引起的视觉联想和情感效应，创造出富有特色、层次和美感的色彩环境。

2.KTV 包房照明及材料运用

KTV 包房照明采用低度照明，有利于营造娱乐氛围。但由于灯光较暗，精致的材料并不能达到应有的效果。一般灯明亮或近人处使用较好的材料，而昏暗处则使用低档材料，而且由于娱乐空间的商业特性及追赶潮流的行业特点，其空间环境往往随时尚的更变而更新，一般不宜多用高档材料，而往往选用价格适中的材料，只是通过表面的处理来达到需要的视觉效果。此外材料选用上还应严格按消防要求进行。

3.KTV 包房声学设计

（1）房间的隔音

材料的硬度越高，隔音效果就越好，常见方法是轻钢龙骨板隔墙，中间放入吸音棉，隔音效果差。经济实用的首选 2/4 红砖墙，两边水泥墙面。隔墙一定要砌到顶，需走通风管道或其他走线时再打孔穿过。

其次是隔音墙板，属专业隔音材料。两边是金属板材，中间是具有隔音作用的发泡塑料。厚度越大隔音效果越好。由于承重关系，只能采用轻钢龙骨石膏板方法，在石膏板外加一层硬度较高的水泥板（水泥板外观、尺度和石膏板差不多，但硬度远高于石膏板，是很好的隔音材料）。

（2）房间的混响

当声源停止发声后，声波在室内要经过多次反射和吸收，最后才消失，我们就感觉声源停止发声后还继续一段时间，这种现象叫混响。每秒钟一般发 2~3 个字，通常卡拉 OK 包房混响时间为 0.5~1 秒。混响时间短，演唱吃力。混响时间长，影响声音的清晰度。

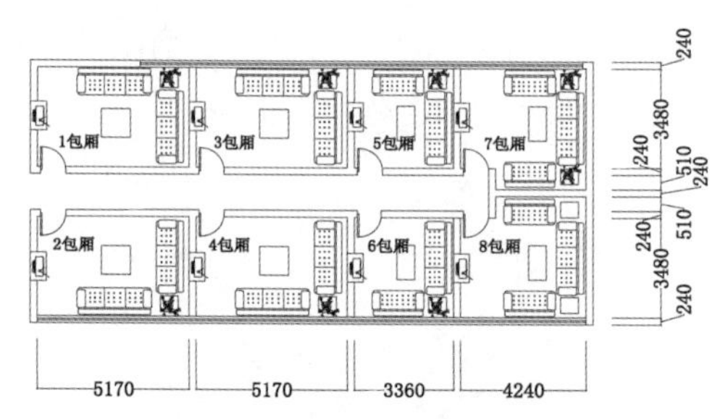

图 10—2—7 KTV 包房平面图

4. 新中式风格 KTV 包房平、立面图例

如图 10–2–7 至图 10–2–10 所示为 KTV 包房的平、立面图。

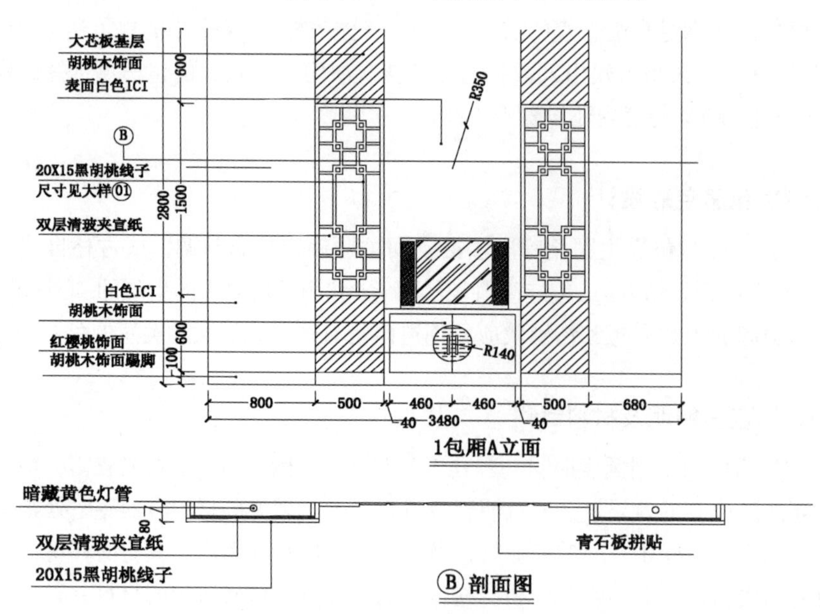

图 10—2—8 KTV 包房 1A 立面图

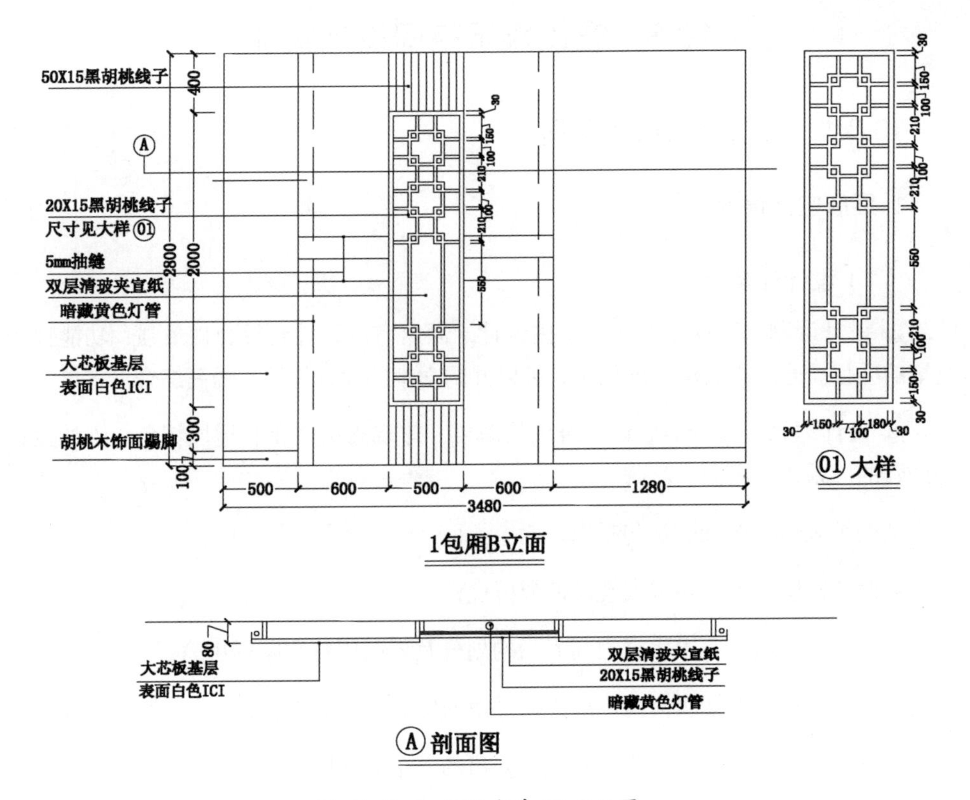

图 10-2-9　KTV 包房 1B 立面图

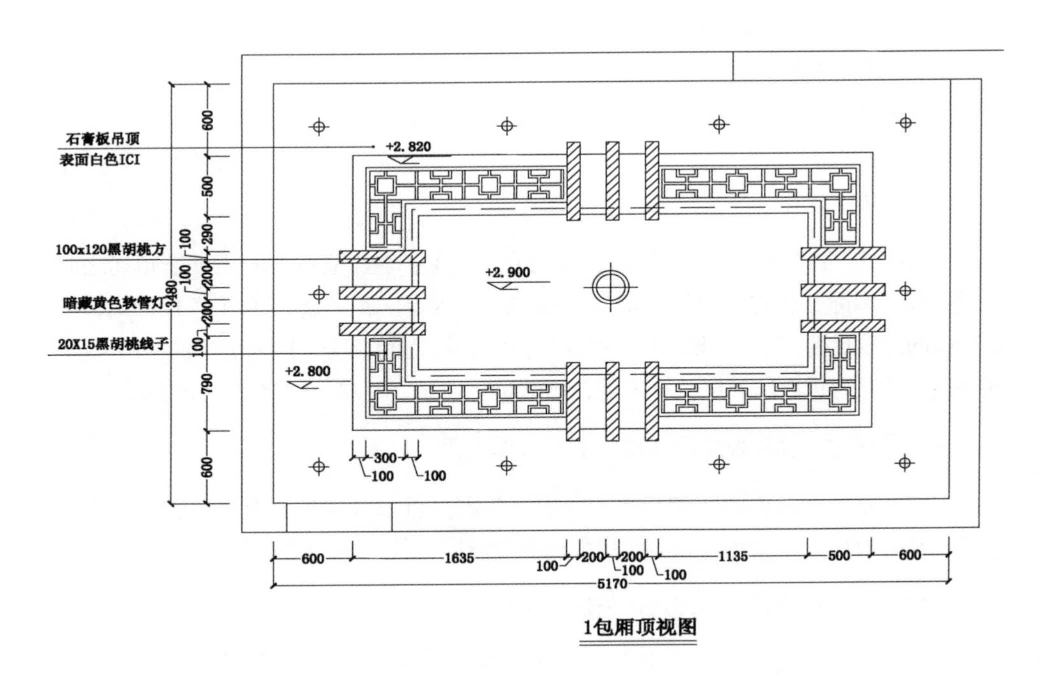

图 10-2-10　KTV 包房 1 顶视图

10.3 餐饮娱乐空间设计实训

10.3.1 餐饮空间设计实训

1. 酒店空间设计

（1）设计任务书

① 设计课题——四星级酒店室内设计。酒店室内设计是综合性最强，功能性较复杂的项目。通过酒店项目的训练，可以开阔学生的设计思路，提高综合设计能力。

② 设计理念。符合酒店设计级别的需要，体现酒店文化和地域特色，强调设计与经营的关系，突出酒店品牌。

③图纸表达：图纸表达包括以下六个方面。

a. 设计构思草图：要求表现设计分析过程；

b. 室内平面图：要求表现空间界面的划分及界面用材和家具用途；

c. 顶面图：要求标明标高，灯具、设备的位置及界面用材；

d. 立面图：要求包括大堂、餐厅、客房的各个立面图；

e. 剖切大样图、节点详图：工程需要的位置；

f. 透视效果图：要求表现主要空间效果，至少 5 张。

（2）设计分析

① 酒店类型：根据市场调研，我们发现星级酒店可以区分为以下几种类型，即：按客户需求划分，有商务型、会议型、长住型、度假观光型、青年旅馆；按管理性质划分，有集团管理、连锁经营、自主经营等。

② 酒店星级划分：为了促进旅游业的发展，保护旅游者的利益，便于饭店之间有所比较，国际上曾先后对饭店的等级做过一些规定。20 世纪五六十年代开始，按照饭店的建筑设备、饭店规模、服务质量、管理水平，逐渐形成了比较统一的等级标准，现在通行的旅游饭店的等级共分五等，即五星、四星、三星、二星、一星饭店。

③设计理念：设计理念应从以下五个方面入手。

a. 设计定位：根据酒店的星级、规模、类型进行设计定位，要考虑符合酒店的功能性及品牌性。本课题定位为四星级商务型酒店，具有一定的知名度。

b. 设计风格：要表现和传达出酒店的文化和个性特征。

c. 设计手法：突出“视觉焦点”，营造高雅氛围。可以利用灯光、色彩、家具及室内陈设烘托出室内氛围。

d. 成本预算：主要是为业主而言的，这不仅是工程造价问题，主要是使用的效益性。流畅合理的平面规划、有效节能的照明方式、易清理或耐污染的材料选择、设计的正确模数等都能降低运营成本。

e. 设计小贴士：餐厅设计功能分析非常重要，要多听取餐厅经营者的意见。散座与包间的安排一定从经营效果出发，不能一味坚持追求设计效果，服务人流与顾客人流的走向，走道与后勤厨房的贯通程度，是否方便推车环行，这些直接影响了平面布局。水吧的设置与否，如何设置，要考虑服务员取物的方便，兼顾设计效果。摆满各色酒瓶的水吧不见得令客人欣赏。只有红酒吧之类以展示为主的酒柜才能为环境加分。

④方案设计：酒店设计是一项综合的全方位设计，需要进行的设计项目非常多，学生可以分组进行，分工合作，主要根据设计要求来解决设计程序、设计方案的表达、空间功能性的划分等问题。学生在设计过程中既可以提高专业设计能力又增强了协调沟通的能力，有了团队合作意识，对今后工作有一定的帮助。

A. 大堂的设计：大堂是客人进入酒店的第一空间，给客人第一印象，也是客人出入最频繁的地方。它是酒店的枢纽，有着繁多的功能设置，是设计的重点。

a. 前台是前厅部、财务部和电话总机室，还有储存小件物品的用房。

b. 休息区一般占大堂面积的 5% ~ 8%，与主流线分开，可靠近堂吧和其他商业场所，以引导消费。

c. 大堂经理位置宜选在能看到大堂主要功能部位，面积一般为 8~12m²。

d. 公共卫生间的装修标准不低于豪华套房卫生间的标准，要设置残疾人卫生间和清洁工具储存室。

e. 服务功能区：包括邮政快递服务、书报亭、银行、小型精品店、商务中心、礼品店、咖啡厅等营业场所。

大堂区域的划分要服从功能的需要，不要影响流线的使用，各功能区面积的使用要仔细计算，并根据酒店的级别和客户的需求定位。

B. 客房的设计：根据酒店的类型，客房的基本功能会有所增减，从而划分出单人客房、标准客房、商务套房及总统套房等不同的区域。

客房设计要满足客人基本的功能的需求：休息、办公、通信、休闲、娱乐、洗浴、化妆、卫生、行李存放、衣物存放、会客等需求。

2. 普通餐饮空间设计

（1）餐厅室内设计课题

通过设计实训，掌握餐饮空间室内设计的基本程序、方法，锻炼实践能力，提高对餐饮空间功能性的认识。

(2) 设计理念

根据餐饮空间的性质，在满足功能性的同时，创作出具有新意的空间环境以便更好地吸引顾客就餐。

(3) 设计条件

此项目规模为大型酒店，地理位置优越，环境良好。

(4) 图纸表达

①室内平面图和顶面图（图 10-3-1）。

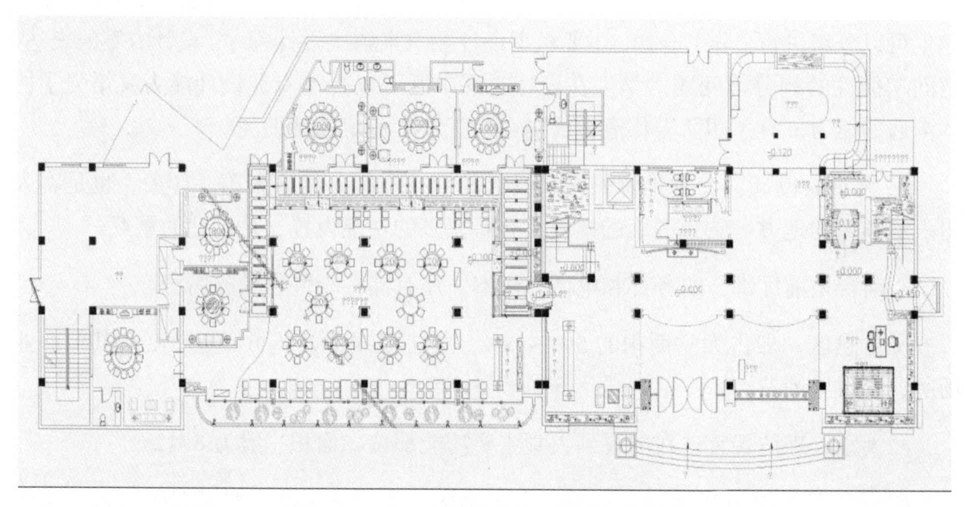

图 10-3-1　北京馥苑海鲜酒楼平面图

②主要空间的立面图（图 10-3-2、图 10-3-3）。

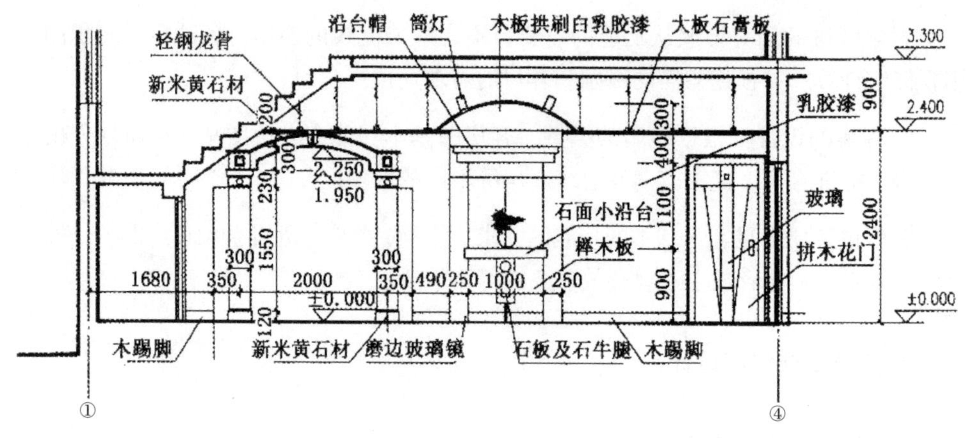

图 10-3-2　某餐厅门厅剖面图 1

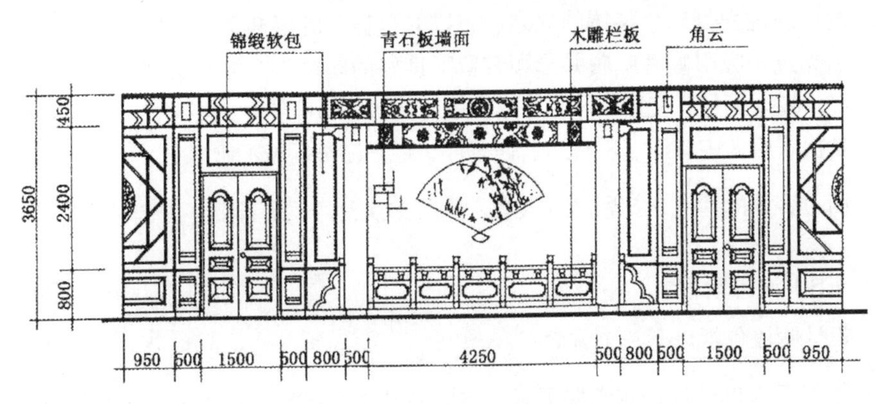

图 10–3–3　某餐厅门厅剖面图 2

③透视效果图可手绘、可运用电脑完成（图 10–2–4 至图 10–3–6）。

图 10–3–4　某餐厅休息区 —— 周康　　图 10–3–5　北京馥苑海鲜酒楼单间 1—— 周康

图 10–3–6　北京馥苑海鲜酒楼单间 2—— 周康

（5）调查分析

根据设计课题分析，餐厅属于小型经营，主要是向顾客展示餐厅独有的特色，以及提供方便快捷的服务和舒适的就餐环境，并着力营造愉快温馨的氛围。

设计的过程是一个整体的规划、布置的过程，既要迎合餐厅的经营理念，又要创造出亮点，吸引顾客就餐并给顾客留下良好的印象。在方案策划之初，应先对周围环境，如人流量、交通、停车等方面进行调研，明确餐厅的经营性质及服务标准，确定是快餐店、中餐厅、料理店、西餐厅，还是咖啡厅或酒吧。

面对客源的情况，如顾客的人数、阶层、饮食习惯等都要仔细调研清楚。

（6）设计阶段

设计阶段包括以下三个方面。

①餐厅入口设计：在掌握了餐饮空间的基本情况后，就要着手进行设计了，在设计时应该根据餐厅的性质首先确定餐厅的设计风格，将餐厅的入口设计进行规划，通过入口的设计传达出餐厅的营业内容，激起客人进入餐厅就餐的欲望。

入口设计有三种方式：开放式——这种方式在小型餐馆中常见，通透的玻璃可以对餐厅经营一览无余；封闭式——在俱乐部、酒吧、高档餐馆中常见，建筑外立面完全是实墙，从外面看不到内部空间，只是通过大门隐约感受到室内的氛围，这种设计方法，比较注重的是对门面的设计，要求富有特色，一鸣惊人，使人印象深刻；综合式——是最为常见，运用较多的一种方式。根据餐饮经营的性质进行设计，如：咖啡店等轻便饮食店，要求有较高的开放和透视程度，可采用开放式入口，安装落地玻璃等方式。私密性要求较高的餐馆可利用窗帘等装饰手段控制外部视线，降低通透程度。

②平面布置：餐厅的功能区域主要分为用餐功能区（门面、顾客进出的功能区、用餐功能区、配套功能区）和制作功能区等两部分。平面布置的核心问题是厨房位置选择以及一系列的相关问题，如：送菜口的位置、原料进入厨房的位置、垃圾出口的位置等。还要保证客人就餐的流线和内部服务流线的畅通。

③在进行规划以前，要考虑以下一些因素：经营者提供的各层平面图的条件如何？对每层的顾客做没做研究？针对顾客层次是什么样的？每层顾客的就餐习惯是什么样？就餐的年龄层有何区别？各层的室内通道有何不同？针对不同的楼层，其室内餐桌、椅有何不同？其形式、款式、大小有何区别？每个入口与所在楼层有什么关系？每层楼的入口设计有何不同？其收银台的规模有何不同？每层是不是都有厨房？其规模和风格有何不同？顾客所在楼层就餐的时间如何？其消费量多少？不同楼层的单间数量有何区别？不同楼层的就餐席位是多少？每层的卫生间规模多大？数量是多少？其装修的档次有何区别？有没有顾客点菜区？是在每楼层点菜，还是在就餐区点菜？

总之，餐厅平面布置一定要满足其使用功能，设计师要因地制宜，根据现有条件做出最有效的平面布置方式，提高各功能区的使用率。

10.3.2 娱乐空间设计实训：KTV 包房设计

1. 设计任务书

（1）设计课题——新中式元素 KTV 包房设计

KTV 包房设计是最能激发设计师创意活力的设计任务，重点在于处理好风格元素，空间造型与色彩灯光的相互作用。通过此项目的训练，可以激发学生的设计热情，提升创意设计能力。

（2）设计定位

课题定位为每层 120 090 ㎡的四层 KTV 健康娱乐场所；至少要设包房 52 间，其中小包房 18 间，中包房 30 间，大包房 3 间，豪华包房 1 间。歌厅的装修设计要依照《建筑内部装修设计防火规范》，顶棚、隔断、地面装修用材的燃烧等级均达 A 级。

为了做好本课题，经过对多家 KTV 的调研走访，如钱柜、东方之珠等。还应在网上收集相关的资料。

要求以符合面积 15 ㎡的中包房空间为重点进行设计展开，体现中式文化符号或元素的同时要求具有时尚气氛，强调空间造型与色彩灯光的协调关系，突出创意特色。

（3）图纸表达

包括以下六个方面。

① 设计构思草图：要求表现设计分析过程；

② 室内平面图：要求表现空间造型的设计及色彩和灯光的处理；

③ 顶面图：要求标明标高，灯具、设备的位置及界面用材；

④ 立面图：要求包括立面造型结构处理及施工做法；

⑤ 必要的大样图、节点详图；

⑥ 透视效果图：要求表现主要空间效果，至少 3 张。

2. 设计分析

（1）KTV 包房的空间布局

根据接待人数来分 KTV 包房空间，将空间面积分为小型、中型、大型 KTV 包房。KTV 包房大小不能说明其豪华程度，一般只反映接待顾客的能力。大型 KTV 包房，面积一般在 25 ㎡左右，能同时接待 20 人的大型 KTV 包房在 KTV 包房中所占的比重较小，一般只有一二个，设施、功能都比较齐全，表现出豪华宽敞的特点。中型 KTV 包房，面积在 11~15 ㎡，能接待 8~12 人，除配备基本的电视、电脑点歌、沙发、茶几、电话等设施外，还应根据实际情况配备吧台、洗手间、舞池等。中型 KTV 包房要表现舒适。小型 KTV 包房，面积一般在 9 ㎡左右，能接待 6 人以下的团体顾客。

小型 KTV 包房配备的设施与大、中型 KTV 包房并无两样，只是电视、音响与空间协调时要小一些。从目前 KTV 的经营情况来看，小型 KTV 包房占的比重大，这类包房的接待率最高，尤其是附设洗手间、吧台、舞池、电话的豪华小型 KTV 包房，特别受顾客欢迎。小型 KTV 包房要表现出紧密温馨的环境。

（2）设计理念

本 KTV 包房设计的风格是中式古典风格，是在室内布置、线形、色调及家具、陈设的造型等方面，吸取中式传统装饰“形”“神”的特征。例如吸取我国传统木构架建筑室内的藻井、天棚、挂落、雀替的构成和装饰，家具和陈设的造型元素具有明、清家具造型的特征（图 10-3-7、图 10-3-8）。

图 10-3-7　新中式 KTV 包房参考效果图 1

图 10-3-8　新中式 KTV 包房参考效果图 2

（3）方案设计

方案设计包括以下四个方面。

①包房整体的设计：KTV 包房主题设计必须具有时代感和特殊意境。由 KTV 目前的发展历程看，它不仅是一种简单的休闲方式，还是代表一种最新时代要求的新潮的娱乐方式，无论是在视听设备、娱乐内容还是主题装修上，都要能够突出这种潮流。而时代感和特殊意境的营造，集中体现在主体色彩的运用、家具风格的确定、灯光照明设备的采用及主题装饰画的选择上。

首先，KTV 包房空间布局要合理。布局设计以实用为主，充分利用空间并兼顾隐私感和氛围感。包房内家具的摆放，沙发、茶几、工作台（调酒柜）和衣帽架等的摆位都要以方便客人及方便服务为首要考虑因素。沙发一般选择耐脏、易清洁的黑色、棕色和红色的皮质，沿墙放置，形成围的氛围；茶几最好选用温润安全的矮脚木制。

其次，装饰摆设要典雅、大方。通常运用在装饰方面的物品大同小异，一般是绘画作品、小型雕塑及植物，关键是考虑如何辅以灯光衬托出最佳效果。由于室内环境强调新颖感和时尚感，尤其在以吸引回头客为销售策略的情况下，可以通过家具的摆设、装饰物品的更新塑造新颖大方的时代感、常换常新感。

另外，KTV 包房装饰色彩要协调。由于包房强调隔音性，采光通常不太好，宜用浅、暖色调减轻空间压抑感，给人明快、温馨感。可考虑采用色泽相近的不同色调，以色泽的跳跃和差异活跃整体气氛。

在装饰照明上整个空间可多用发光板和 LED 灯装饰，LED 的内在特征决定了它是最理想的光源去代替传统的光源，它有着广泛的用途。LED 在耗电低的同时，其形式可变性强，还具有极强的时代感。

在 KTV 已经成为一种时尚休闲娱乐方式的今天，各种形式的 KTV 正在不断出现。因此，在 KTV 包房的设计中，最好能立足文化，在完善功能设施的基础上，力求用别具特色的装饰手法，使 KTV 在设计上凸显个性，并成为装饰性的示范夜场以及休闲娱乐的首选场所。在追求高雅高档空间的同时，努力控制投资成本和装饰效果的关系，秉持经济性原则，以较小的投资获得较好的装修效果，努力通过精心选材、用材，精心施工来充分实现材料的美学效果。

②包房舞池的设计：KTV 包房舞池的设计要能增强娱乐效果，制造气氛，又要能吸引客人，同时舞池设计也应当遵循，既方便客人娱乐又能让客人其他活动的原则。舞池设计要与 KTV 包房的大小及接待人数的能力一致，一般小型 KTV 包房，如容纳 2 ~ 4 人的包房，舞池一般为 1 ㎡或 1.5 ㎡的方形台面或池面即可，能容纳 10 人以上的大型 KTV 包房的舞池就应大些。因 KTV 的空间有限，舞池设计采用两种方法：

第一，概念性舞池。即在地面装修时，采用特定的方法制成概念性方形和圆形舞池，如用特殊的色彩或在地板下面安装可变化的彩灯。概念性舞池的设计是一个平面，不妨碍房间作其他用途。

第二，采用特殊的材料，设计成专用的舞池，舞池或高于或低于房间平面，地面通常采用铜地板或玻璃地板。

总之，KTV 包房中舞池的设计要达到顾客能相互直接交流，并创造共同娱乐气氛的目的。

KTV 包房中设置的舞池除要符合一般舞池设计的要求外，还要求面积应与 KTV 包房大小相协调，同时要求通风良好，卫生设备要符合卫生部门规定的标准。安全设备的设置也是很重要的，安全门的标志灯应清晰可见，并备有紧急照明设备。

③包房装饰材料及安全要求：KTV 包房顶棚、隔断、地面装修用材的燃烧等级均达 A 级；顶棚为轻钢龙骨纸面金属板吊，面饰乳胶漆；隔断为轻钢龙骨纸面石膏板隔至结构顶，且内填防火岩棉增强隔音效果；地面为抛砖平铺（除大厅和走廊外）；所有包房及设备用房的房门为防火门（管理用房除外），并装闭门器。

设备器材的配置，依照《建筑设计防火规范》设置水喷淋、烟探、报警、机械排烟等消防系统，并接入大楼主系统。按规范配置外，每间房间内设双头应急灯一盏，每包房内另增设干粉灭火器一只，音视频切换报警器一只并接入电脑点歌系统等。

④成本预算：对于业主而言，降低工程成本是必需的。由于 KTV 包房内的照度一般不强，所以在施工中可在满足必要的建筑防火和隔音要求标准基础上，重点在装饰材料的色彩上进行选择，而固有的细节材质肌理一般可以忽略，合理地选择和应用材料可以有效地降低工程成本。

参 考 文 献

[1] 徐长玉 . 家居装饰设计 [M]. 北京 : 机械工业出版社 ,2009.

[2] 丰明高 , 张塔洪 . 家居空间设计 [M]. 长沙 : 湖南大学出版社 ,2009.

[3] 李秀英 , 杜文超 . 品 · 尚空间 · 客厅 · 书房实用设计解析 [M]. 北京 : 机械工业出版社 ,2011.

[4] 上海市装饰装修行业协会 . 家庭居室装饰装修监理人员必读 [M]. 北京 : 中国建筑工业出版社 ,2008.

[5] 北京《瑞丽》杂志社 . 精装小居室 [M]. 北京 : 中国轻工业出版社 ,2008.

[6] 祁澜 . 精明“老妈”讲装修 [M]. 北京 : 中国建筑工业出版社 ,2010.

[7] 靳克群 , 靳禹 . 室内设计制图与透视 [M]. 天津 : 天津大学出版社 ,2007.

[8] 陆震纬 , 来增祥 . 室内设计原理 [M]. 北京 : 中国建筑工业出版社 ,1998.

[9] 吴剑锋 , 林海 . 室内与环境设计实训 [M]. 北京 : 东方出版中心 2008.

[10] 刘峰 , 朱宁嘉 . 人体工程学 [M]. 辽宁：辽宁美术出版社 ,2006.

[11] 汤重熹 . 室内设计 [M]. 北京：高等教育出版社 ,2006.

[12] 高祥生 , 韩巍 , 过伟敏 . 室内设计师手册 [M]. 北京 : 中国建筑工业出版社 ,2001.

[13] 日本建筑协会 . 建筑设计资料集成 [M]. 重庆大学建筑城规学院，译 . 天津：天津大学出版社，2006.

[14] 田学哲 . 建筑初步 [M]. 北京 : 中国建筑工业出版社，1982.

[15] 刘盛璜 . 人体工程学与室内设计 [M]. 北京 : 中国建筑工业出版社，2000.

[16] 李永盛 , 丁洁民 . 建筑装饰工程材料 [M]. 上海：同济大学出版社，2000.

[17] 邹伟民 . 室内环境设计 [M]. 重庆：西南师范大学出版社 ,2000.

[18] 霍维国 , 霍光 . 室内设计原理 [M]. 海口：海南出版社 ,2000.

[19] 李朝阳 . 室内空间设计 [M]. 北京：中国建筑工业出版社 ,1999.

[20] 张绮曼 . 室内设计的风格样式与流派 [M]. 北京：中国建筑工业出版社 ,2001.

[21] 苏丹 . 住宅室内设计 [M]. 北京：中国建筑工业出版社 ,1999.